ROGER PEYRE

CÉRAMIQUE FRANÇAISE

DES ORIGINES AU XXᵉ SIÈCLE

SES MARQUES DE FABRIQUE

L'EDUCATION MANUELLE

BIBLIOTHÈQUE DES ARTS APPLIQUÉS AUX MÉTIERS

LA SCIENCE ET L'OUTIL

ARS

SCIENTIA

PARIS

ERNEST FLAMMARION, ÉDITEUR, 26, RUE RACINE

8325

OUVRAGES DE M. ROGER PEYRE :

Histoire générale des Beaux-Arts, in-12, xvi-805 p.; 7° édition:
Paris, Delagrave, 1907. — Traduction polonaise de cet ouvrage,
par M° Marrené-Morzkowska, in-8°. Varsovie, 1900.

Histoire générale de l'Antiquité, in-12, lxxii-980 pages; Paris,
Delagrave, 1887.

Napoléon et son temps, 1re éd., 1888. 1 vol. in-4°. VIII-886 p.
2° éd.; 2 vol. in-4: Paris, Didot, 1896. — Traduction espagnole de
cet ouvrage, par F. Schwartz, Barcelone, 1901. —Traduction polonaise, par Ladislas Bukovinski, Varsovie, 1902.

L'Empire romain, in-8; Paris, Société française d'éd. d'art, 1894.

L'expédition d'Égypte, in-8: Paris, Didot, 1890.

Marguerite de France, duchesse de Berry, duchesse de Savoie, in-8°:
Paris, Emile Paul, 1902.

Nîmes, Arles et Orange, in-4; Laurens, 1902, 2° édit., 1904.

Padoue et Vérone, in-4, ibid., 1906.

La Peinture française pendant la seconde moitié du XIX° siècle,
in-8°, Hatier, 1908.

Répertoire chronologique de l'histoire universelle des Beaux-Arts,
in-8, 2 colonnes; Paris, H. Laurens, 1899.

Collaboration au *Musée d'art*, publié sous la direction de
E. Müntz : *L'Art italien au XVII° siècle. — La peinture et les
arts industriels français au XVII° siècle.*

Dans le *Correspondant*: Comptes rendus des *Salons* de 1891, 1892,
1893, 1894. — *Les Galeries célèbres et les grandes collections privées* :
Chantilly, Ferrières, le Château de Vaux, le Château de Dampierre,
l'Hôtel Lambert et les collections Czartorisky, le Foyer des artistes
à la Comédie-Française. — *L'Hagiographie et l'imagerie religieuse.*

Dans la *Revue historique* : Une commune rurale des Pyrénées au
début de la Révolution.

Dans la *Revue des études historiques :* Une lettre retrouvée de
Colbert. — La Cour d'Espagne au début du XIX° siècle, d'après
la correspondance de l'ambassadeur Alquier.

Dans la *Quinzaine* : Un instituteur d'autrefois.

Dans le *Monde moderne* : Un monastère des temps carolingiens :
Saint-Guilhem du désert — Marguerite d'Autriche et l'église de
Brou. — Ad. Yvon. — Meissonier.

Dans les *Chefs-d'Œuvres* : l'Arc de Constantin, le *Scribe égyptien*
du Louvre, la *Maison de Campagne* de Pierre de Hoghe, la *Simonetta
Vespucci* d'A. Pollajuolo, un *Ange musicien* de Melozzo da Forli.

Dans *Comment devenir connaisseur* : les Majoliques d'Urbino.

Dans la *Chronique des Arts* : Lettres inédites de David. — Un
tableau attribuable à Luini, au musée de Nîmes

Dans l'*Ami des monuments* : Coup d'œil sur l'enseignement des
Beaux-Arts et la formation du goût public. — De l'*Art dans la vie*. —
Note sur le Sénatus-Consulte Hosidien et la protection des œuvres
d'art chez les Romains, etc.

Dans l'*Art et les Artistes* : Henner.

Dans la *Revue des Pyrénées* : Falguière. — J.-P. Laurens.

Collaboration à la *Miscellanea Napoleonica* du baron Alberto
Lumbroso. — Collaboration aux *Maîtres contemporains*, Laurens.

Dans l'*École Gaston Phœbus* : Notes sur l'enseignement des
langues celtiques en Angleterre. Dans la *Revue du Béarn* : Bonnat.

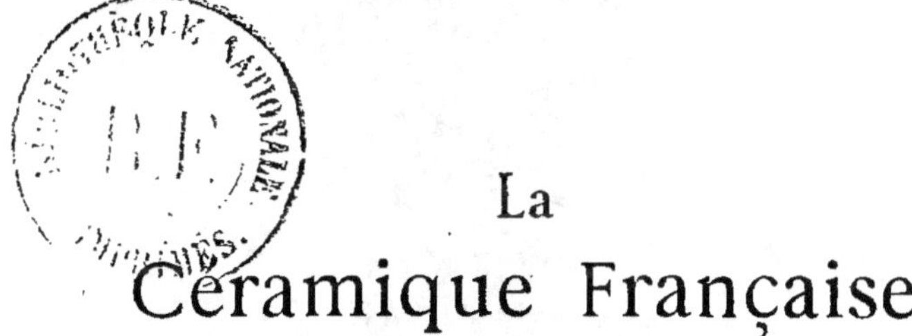

La Céramique Française

XVI⁰ SIÈCLE. ART FRANÇAIS. — ATELIERS DE SAINT-PORCHAIRE.

Musée du Louvre, Paris. Donation C.-A. Sauvageot.

ROGER PEYRE

La Céramique Française

FAYENCES, PORCELAINES, BISCUITS, GRÈS, DATES DE LA FONDATION DES ATELIERS CARACTÉRISTIQUES, MARQUES ET MONOGRAMMES

OUVRAGE ACCOMPAGNÉ DE 334 FIGURES
876 MARQUES ET MONOGRAMMES DE FAYENCES ET PORCELAINES

PARIS

ERNEST FLAMMARION, ÉDITEUR
26, Rue Racine, 26

CE VOLUME EST PRÉCÉDÉ D'UN SOMMAIRE ANALYTIQUE
IL EST TERMINÉ
PAR UNE TABLE GÉNÉRALE DES MATIÈRES
UNE TABLE DES DATES DE LA FONDATION DES ATELIERS
DES
CARACTÉRISTIQUES DES FAYENCES ET PORCELAINES
ET UN
RÉPERTOIRE OU COMBINAISONS ALPHABÉTIQUES
DES
876 LETTRES, MONOGRAMMES ET MARQUES FIGURATIVES

POUR LA DIRECTION ET LA RÉDACTION
DE LA
BIBLIOTHÈQUE DES ARTS APPLIQUÉS AUX MÉTIERS
S'ADRESSER A
M. ÉDOUARD ROUVEYRE, RUE DE SEINE, 76, PARIS

Fig. 2. — OEuvre de Bernard Palissy. (V. pages 41-50.)

SOMMAIRE ANALYTIQUE

INTRODUCTION — LA CÉRAMIQUE ET LA CIVILISATION

De l'importance historique et artistique de l'art céramique; ses difficultés, 15.

LIVRE I. — DES ORIGINES JUSQU'A L'USAGE DE LA POTERIE VERNISSÉE

1° Les poteries préhistoriques en France. — Époque des dolmens, la poterie séchée au soleil, 17, — puis cuite au four, 18. — Poteries des stations lacustres, 18. — Invention du tour, 19. — Invention du lustrage, 19. — Formes et décoration, 18-19.

2° Poteries gallo-romaines. — Poteries jaunes, vases funéraires, fabriques de la région du Rhin et de Bordeaux, 19. — Poteries rouges, 20. — Fabriques de Lezoux et de Banassac, 20. — Fabriques diverses, Nimes, Paris, 20. — Les Jouets céramiques, 20. — Emploi de l'engobe, 22. — Figurines du bassin de l'Allier, 22. — Les périodes de la fabrication gauloise. 22.

3° L'invasion des barbares; décadence générale de la céramique. 27. — Sigillation, 27. — Le métal préféré à la terre. 27.

LIVRE II. — POTERIE VERNISSÉE A ÉMAIL PLOMBIFÈRE TRANSPARENT

1° La poterie vernissée, son origine antique, son caractère, 29.

2° Premiers essais en Occident, 50. — Fabriques du Beauvaisis. de Paris, du Poitou, de la Bretagne, 50. — La Corporation des potiers; lettres patentes de Charles VII et d'Henri IV. La Corporation des faïenciers. Réunion des deux corporations : 50 (note).

LIVRE V. — XVIII' SIÈCLE

I. — FAITS GÉNÉRAUX.

II. — FAYENCES.

III. — PORCELAINES TENDRES.

FIG. 3. — Plat à bords chantournés. Décor polychrome, dit au *Dragon*.

Fig. 4 à 6. — Fayence de Rouen. — Fayence de Saint-Porchaire.
Porcelaine de Chantilly.

LA CÉRAMIQUE ET LA CIVILISATION

Parmi les arts industriels, il n'en est pas qui mérite plus
d'estime et soit plus intéressant à étudier, au point de vue
de la technique comme de l'histoire, que la céramique. Le
mot de poterie semble inséparable de l'idée de fragilité. Mais
la matière dont la poterie est composée résiste à l'eau comme
au feu et, là où le vaste édifice a complètement disparu, le
tesson subsiste. L'existence de certaines populations préhistoriques ne nous est pour ainsi dire connue aujourd'hui que
par quelque morceau de terre cuite trouvé dans les fouilles.
S'agit-il d'un peuple civilisé, la vue d'un vase nous en appren-
dra souvent plus sur son état de civilisation qu'un tableau ou
une statue ; car il y a peu de manifestation de l'intelligence
humaine où l'art et l'utilité soient plus unis : les formes élégantes et bien comprises des vaisselles usuelles de Pompéi
suffisent à nous faire sentir combien le goût de l'art était
alors répandu jusque dans le détail de la vie. L'examen des
poteries nous donnera aussi une mesure de l'état scienti-
fique : car la science a sa part dans la fabrication céramique
aussi bien que l'art et l'industrie ; le céramiste a à se préoc-
cuper de la matière, de la forme, de la couleur et du feu auquel il doit soumettre son œuvre. La chimie, la physique et
la mécanique, l'architecture, la sculpture, la peinture, l'orfèvrerie même par la délicatesse et la richesse que peuvent
parfois atteindre la matière et le procédé, tout se réunit pour
faire de l'art du potier le plus difficile peut-être de tous les
arts industriels. Le célèbre Jérôme Cardan, qui avait vu, étu-
dié et pratiqué tant de choses, écrivait en 1566 : « Le potier

a toutes les difficultés de celui qui engrave (modèle) et outre cela il a la disposition de la matière, la cognoissance de la température du feu et le péril de plusieurs cas fortuits presque innumérables. »

Parmi les inventions qui marquent une date dans les débuts de la civilisation humaine, la poterie doit avoir sa place. « Il a fallu peut-être, dit Brongniart, pour faire avec le limon le moins rebelle, un vase qui se durcira à l'air et au feu et ne servira qu'après le résultat de cette opération, plus de soin, de réflexion et d'observation que pour façonner des bois, des armes ou des peaux pour s'en faire des vêtements ; car ces matériaux offrent à l'ouvrier le résultat de son travail. » Il y a certains procédés auxquels nous sommes si habitués qu'ils nous semblent nés pour ainsi dire avec l'humanité et que nous croyons qu'ils n'ont pas eu besoin d'être inventés. Or, certaines peuplades d'Australie, comme le rappelle Ed. Garnier, ne connaissaient pas encore au xixe siècle l'art de la poterie et recueillaient l'eau « dans des troncs d'arbres, dans des pierres tendres qu'ils avaient creusées avec du silex. »

Les pages qui suivent ne prétendent pas constituer l'histoire complète de la céramique française mais son histoire générale. Nous nous sommes surtout attachés à marquer les périodes et à mettre en lumière les faits d'ordre historique ou technique qui ont le plus influé sur cette histoire. Nous avons tenu à donner un lien historique et logique, aux documents figurés, réunis dans ce volume. Les documents figurés, lorsqu'ils sont consciencieusement reproduits et convenablement classés, peuvent former le meilleur des guides et le plus sûr des répertoires. Cela est vrai surtout pour l'amateur qui veut avoir sous la main, dans un seul volume, facilement maniable, les renseignements dont il a besoin. Pour le classement des figures comme pour le texte, nous nous sommes efforcé de concilier, autant que la chose était possible, l'histoire suivie des principales manufactures avec l'ordre chronologique qui devait être dominant.

Nous nous reprocherions de terminer cet avant-propos sans signaler ce que le choix, le classement de nos illustrations et marques des ateliers, doivent au goût et au savoir de M. Édouard Rouveyre. La chose n'est pas faite pour surprendre de la part de cet éditeur à la fois érudit et artiste; mais nous tenions à lui en témoigner ici notre reconnaissance.

Paris, 31 janvier 1910.

FIG. 7 à 14. — Formes de poteries gauloises et gallo-romaines.
(Fouilles faites à Paris.)

LIVRE PREMIER

DES ORIGINES JUSQU'A L'USAGE DES POTERIES VERNISSÉES

Les poteries préhistoriques.

Les peuples préhistoriques, — (bien antérieurs à l'arrivée des Celtes,) — qui ont élevé sur notre sol ces monuments mystérieux, dolmens, menhirs, alignements, etc., improprement appelés monuments druidiques, y ont aussi attesté leur passage par des poteries. Ces poteries ressemblent à toutes celles qui remontent dans les divers pays aux époques primitives et elles ont passé par les mêmes transformations. Ce sont d'abord des pots plus ou moins cylindriques ou un peu évasés, formés à la main d'une argile grossière et impure, puis séchés au soleil. Ce fut

un premier progrès que de les soumettre à la chaleur du
feu. Mais les poteries furent d'abord cuites à l'air libre
ou, — nouveau progrès, — « dans de simples trous creu-
sés dans le sol, au moyen de broussailles et de bois encore vert produisant beaucoup de fumée* ». Plus tard la
cuisson eut lieu dans des fours appropriés.

POTERIES DES STATIONS LACUSTRES. — INVENTION DU TOUR.
INVENTION DU LUSTRAGE. — CARACTÈRE DE LA DÉCORATION.

A une époque déjà fort ancienne, nous voyons apparaître
des tentatives de décoration : dessins exécutés par l'impression des doigts sur la pâte, — par des lignes tracées
au moyen d'une pointe de silex ou de bois, puis de métal, — par des pièces appliquées en saillie. Les découvertes
faites dans les stations lacustres du lac du Bourget et du

---

* Ed. Garnier, *Histoire de la céramique*, in-8. Tours, Mame. M. Ed.
Garnier remarque que c'est à ce système de cuisson et non à une
variété de composition qu'il faut attribuer les deux colorations
distinctes que présente souvent la cassure de ces poteries, l'enveloppe extérieure étant noire, tandis que le milieu est d'un ton grisâtre. Il rappelle aussi avec raison que ce procédé rudimentaire
de cuisson est encore en usage, dans quelques pays : en Irlande,
en Écosse, en France (dans les Pyrénées). Sur les débuts de la
céramique en France, voir H. du Cleuziou, *De la Poterie gauloise*,
in-8, Paris, Édouard Rouveyre, 1883 ; Fréd. Moreau, *Collection
Caranda*, in-4°, Saint-Quentin, 1877-95 ; Grivaud, *Antiquités gauloises et romaines trouvées dans les jardins du Palais du Sénat*.
Paris, 1807, in-4° ; A. Blanchet, *Figurines de terre cuite de la Gaule*;
Barrière-Flavy, *Les Arts industriels des peuples barbares de la Gaule*;
Dechelette, *Les Vases céramiques ornés de la Gaule romaine*, 1905. —
Les ethnographes et les géologues disent qu'il n'y a pas trace de
poterie dans la période paléolithique. Elle n'apparaît que dans la
période néolithique. Comme exemple de poteries très anciennes de
notre région, nous citerons les vases d'argile noirâtre du tumulus
de Fontenay-le-Marmion (près Caen). Ils paraissent avoir été faits
à la main sans aucun emploi du tour. Ils doivent appartenir à
l'âge de la pierre ; car on n'a trouvé dans les chambres funéraires
du tumulus aucune trace d'objet métallique. (*Mém. de la Soc. des
Antiquaires de Normandie*, année 1855, p. 275.)

lac d'Annecy, dans les sépultures de Caranda (Aisne) montrent que déjà on connaissait l'usage du tour à potier, quoiqu'il ne fût pas exclusivement employé. L'habileté était déjà assez grande pour qu'on pût construire des récipients approchant d'un mètre de diamètre. Quelques vases sont ornés de feuilles d'étain martelées. On sait aussi leur ajouter des anses*.

L'on commence à s'inspirer, pour les modèles comme pour la décoration, des plantes et des fruits que l'on a sous les yeux**. Déjà beaucoup de ces poteries sont lustrées par le polissage ou au moyen d'une sorte de graphite. Ce lustrage marque une troisième étape, après l'invention de la cuisson et celle du tour, dans les progrès de la céramique.

POTERIES GALLO-ROMAINES.

TRADITION CELTIQUE ET INFLUENCE ROMAINE.

POTERIES JAUNES, VASES FUNÉRAIRES, FABRIQUES DE BORDEAUX ET DE LA RÉGION DU RHIN.

POTERIES ROUGES, FABRIQUES DE LEZOUX, BANASSAC, NIMES, ETC.

EMPLOI DE L'ENGOBE. — FIGURINES DU BASSIN DE L'ALLIER.

LES PÉRIODES DE LA FABRICATION GAULOISE.

L'influence romaine mit en présence deux sortes de fabrications. La tradition celtique se maintient dans une poterie qui reste jaunâtre, grisâtre ou noire de pâte, tout en perfectionnant ses procédés et en donnant à ses formes

* Les anses, dans leur première forme, ont été des protubérances latérales, des espèces « d'oreilles », percées d'un trou pour y passer une corde de suspension (Vases du tumulus de Fontenay-le-Marmion.)

** La courge notamment peut donner l'idée de la bouteille. Voir le remarquable ouvrage d'Alfred Keller, *Le Décor par la plante* (avec 685 croquis), in-8, Paris, Ernest Flammarion, s. d. (1904).

comme à sa décoration plus de variété et d'élégance. Cette sorte de poterie a toujours persisté dans le voisinage du Rhin. C'est elle que l'on trouve exclusivement dans les sépultures; près de vingt mille petits vases ou urnes de ce genre ont été découverts dans le seul cimetière de Terre-Nègre à Bordeaux! On voit au musée de Sèvres un grand vase funéraire trouvé dans la Seine en 1855 et provenant sans doute d'une fabrique parisienne dont on a reconnu les traces sur la montagne Sainte-Geneviève (ancien mont Leucoticius).

Les poteries de caractère romain, qu'on ne rencontre donc jamais dans les sépultures, sont rouges. Traditionnelle ou importée, la fabrication céramique paraît avoir été très active en Gaule sous la domination romaine, non seulement dans les grandes villes de cette époque, Lyon, Bordeaux, Vienne, Nîmes, Poitiers, Autun, mais à Orléans, Paris, Beauvais, la Chapelle-aux-Pots, à Autry (Meuse), à Caranda (Aisne), dans la région du Rhin*. Elle fut très florissante dans le plateau central, et dans le bassin de l'Allier, à Lezoux, où l'on a retrouvé 69 fours à poterie antiques, aux environs de Saint-Pierre-le-Moutier et plus encore à Banassac (Lozère), dont les produits avec la marque, signe certain de leur origine, ont été rencontrés dans presque toutes les fouilles faites dans le midi de la France. Pour les céramiques de ce temps, en dehors des échantillons bien connus des musées de Sèvres ou de Saint-Germain, nous signalerons la collection céra-

---

* Félines l'ancien nom de Saint-Marcel-lèz-Sauzet (6 kil. de Montélimart) provient sans doute d'anciennes fabriques de faïences (*figlina*). D'autres villages du pays portent encore ce nom. Les poteries rouges lustrées de l'atelier d'Autry, fondé sans doute par des ouvriers du Midi, nous ont donné, dit le docteur Meunier, les noms de 58 potiers (*Congrès des Sociétés savantes*, 1908).

mique de Beauvais, les nombreuses pièces provenant des environs d'Aoste (Isère) et réunies dans le musée de ce petit bourg.

A Nîmes, on peut voir, avec d'immenses jarres ayant 1 m. 90 de haut, 4 m. 45 de circonférence dans leur partie la plus renflée et 0 m. 20 d'épaisseur*, plusieurs vases intéressants à divers titres. L'un deux, signé *Perennius* et provenant des arènes est probablement un prix donné à quelque gladiateur, ou quelque bestiaire**. Un autre particulièrement curieux, porte l'inscription : « *tam bene fictilibus*, on boit aussi bien dans des vases de terre » et a été transformé en plat à barbe par une échancrure pratiquée, plus tard, sur ses bords. On faisait aussi des jouets en terre cuite, hochets, sifflets, poupées. Une poupée grotesque en terre avec les jambes articulées** a été découverte dans un tombeau, à Nîmes.

Les céramiques gauloises de ce temps ne sont pas inférieures à la moyenne des céramiques italiennes contemporaines; quelques modèles parmi les plus ingénieux et les plus harmonieux ont même un caractère bien original, spécialement celtique****.

* Les jarres (*dolia*) ont été faites non pas au tour mais à la main par assises successives.

** Une inscription funéraire (IIe siècle) qu'on voit au Musée de Lyon nous a conservé le nom d'un autre potier antique, Apricius Priscianus qui paraît avoir été une manière de personnage.

*** L'application de la céramique aux jouets d'enfants s'est continuée à travers les âges. Les « ménages » de poupée ont toujours été fort appréciés de leur petit public. Le médecin Herwart nous apprend que le Dauphin, le futur Louis XIII, à l'âge de six ans s'amusait à faire la soupe aux choux dans de petites marmites (1607). La « cuisine » de Louis XVI enfant, exécutée sous la direction de Caffieri a passé dans une vente en 1905 et a été évaluée 45 000 francs. Certaines maisons, telles que la maison Collin et Larbaud, doivent leur notoriété à la fabrication de « ménages ». (Renseignements communiqués par M. Léo Claretie).

**** Sans parler des origines, on peut distinguer trois périodes

On emploie l'*engobe** pour couvrir soit la totalité, soit une partie seulement de l'objet. On fait aussi en grand nombre des figurines en terre blanche, bustes d'enfants rieurs, animaux variés, statuettes de divinités**. Cette fabrication est spéciale au bassin de l'Allier et le Musée de Moulins contient une collection unique de ces figurines avec un grand nombre des moules qui ont servi à leur fabrication***. Ces objets proviennent surtout des fabriques

dans la poterie gauloise : 1° D'abord, dans une période archaïque, l'on imite encore d'une façon assez barbare la figure humaine, (vases en forme de tête d'homme ou de femme, etc., rappelant les poteries trouvées à Troie par Schliemann), quoique les formes végétales et les éléments géométriques dominent dans les modèles, comme dans la décoration ; 2° Ensuite, dans la deuxième période, la personnalité de l'ouvrier se dégage, avec les progrès du goût : plus d'aisance, de variété, de précision dans les modèles ; abandon de la figure humaine ; éléments de décoration végétale ou géométrique variés : 3° Puis arrive une période de décadence. Les contours deviennent incertains, on reprend les anciennes formes, la figure humaine grossièrement adaptée reparaît, et l'on retourne à la période barbare, moins par désir du nouveau que par défaut de goût et d'imagination. L'on a alors une sorte de synthèse, mais synthèse maladroite de l'ensemble de la poterie gauloise. (Voyez les figures 15 à 48.)

* L'*engobe* est un enduit formé d'une terre d'une qualité différente qu'on met sur une poterie pour en cacher la couleur. L'engobe est total ou partiel : total, il est destiné à servir de fond à la décoration ; partiel, il constitue par lui-même une décoration. Plusieurs vases gallo-romains portent des inscriptions en engobe, c'est-à-dire dont les lettres sont formées d'une autre terre que celle du fond sur lequel elles s'enlèvent en relief.

** Parmi ces divinités, — à côté des types consacrés de la mythologie gréco-romaine, Mercure, Diane, Vénus, Minerve, Déméter (représentée comme une femme allaitant un ou deux enfants), — nous trouvons une figure de jeune femme montée sur un cheval en mouvement. C'est sans doute la déesse spécialement gauloise *Épona*, protectrice des écuries, des ânes, des mulets et des chevaux. Elle n'avait pas tardé après la conquête romaine, à être adoptée en Italie. Au temps de Juvénal (Satire 8, v. 157), les « sportsmen » de Rome ne jurent que par Épona et placent son image comme un palladium dans leurs écuries de course.

*** Ces statuettes sont généralement creuses et moulées en deux parties réunies avant cuisson, l'argile étant encore humide. On con-

Fig. 15 à 22. — 1. Terre jaune. — 2. Terre rouge. — 3 et 4. Terre
grisâtre. — 5. Terre rouge clair lisse. — 6. Terre blanche mate. —
7 et 8. Terre grisâtre.

Fig. 25 à 32. — 1. Terre noire lustrée. — 2. Terre grise claire. — 5. Terre grise foncée. — 4. Terre rouge. — 5. Terre jaunâtre à reflets métalliques. — 6. Terre noire. — 7. Terre blanche mate. — 8. Terre grise lisse.

FIG. 35 à 40. — 9. Terre grise foncée. — 10. Terre noire fruste..
— 11. Terre rouge. — 12. Terre blanche mate. — 13. Terre rouge.
— 14. Terre grise lisse. — 15 et 16. Terre rouge mate.

Fig. 41 à 48. — 1. Terre grise mate. — 2. Terre grise fruste. —
3. Terre noire fruste. — 4 et 6. Terre blanche. — 5. Terre grise
mate — 7. Terre rouge lisse. — 8. Terre grise fruste.

de Lezoux où l'on a retrouvé aussi une roulette ou molette
en terre cuite aux bords festonnés et qui était destinée à
obtenir sur des vases dont la terre est encore molle, des
zones d'ornements en creux.

INVASION DES BARBARES.
DÉCADENCE GÉNÉRALE DE LA CÉRAMIQUE.

Quoi qu'on en dise, les Barbares en envahissant l'empire
romain lui apportèrent surtout la barbarie. Ils l'apportèrent à la céramique comme à tout le reste; on n'a plus
que des poteries lourdes, épaisses, d'une pâte grossière et
inégale, d'une ornementation à la fois irrégulière et
banale, appliquée sans soin sur la terre humide au moyen
de cachets de bois*. Mêmes modèles, même décoration
partout; on revient à l'uniformité par impuissance. Cette
décadence est très sensible dans les vases, provenant du
cimetière d'Herpes (Charente), qui comptent cependant
parmi les plus importants que l'on connaisse de la période
mérovingienne**. Bientôt la terre est généralement abandonnée pour le métal qui n'a pas l'inconvénient de la poro-
sité. Et le mot potier, sans autre indication, désigne aussi
bien le potier d'étain que le potier de terre.

tinue à découvrir des poteries gallo-romaines. On en a trouvé aux
Villates, près Néris (1887), à Saint-Yrieix-la-Montagne (1892), à
Tourcoing, à la Viaule (Tarn) 1905, à Trinquetailles (1906), etc.
Lezoux (15 k. S. O. de Thiers, sur la droite de l'Allier) fut détruit
par les Alamans en 259. Il ne s'est jamais relevé de cette cata-
strophe. Cependant, il a encore, comme Saint-Pierre-le-Moutier,
des poteries assez importantes.

* C'est le procédé de la *sigillation*. On appelle terres sigillées
les terres ainsi décorées. Ce procédé exécuté avec soin, au moyen
de moules bien choisis peut arriver à de bons effets. — Signalons
pour cette période des vases funéraires percés de trous circu-
laires destinés à entretenir en incandescence les charbons qu'on
y mettait et sur lesquels on jetait de l'encens.

** Maurice PROU, *Les Mérovingiens*, pages 188 et 285.

Fig. 49 à 56. — Poteries vernissées. Gourdes et fragments en grès.

Fig. 57 à 63. — Formes et décors de poteries vernissées.
(xive et xve siècle.)

LIVRE II

POTERIE VERNISSÉE
A ÉMAIL PLOMBIFÈRE TRANSPARENT

Origine de la poterie vernissée. — Son caractère.

Il faut attendre plusieurs siècles pour enregistrer dans
l'histoire de la céramique européenne un fait nouveau ;
mais il est capital. Les potiers occidentaux, employant
enfin un procédé connu en Orient dès la plus haute anti-
tiquité (Égypte pharaonique), couvrent les terres qu'ils ont
façonnées d'un émail à base de plomb. Cet émail est
transparent et incolore et ne devient coloré que par les
oxydes métalliques qu'on y ajoute (vert avec le cuivre,
brun avec le manganèse). Ainsi de nouveaux effets de

décoration sont créés et, de plus, l'argile est rendue imperméable.

LES PREMIERS ESSAIS EN OCCIDENT. — LES FABRIQUES DU BEAUVAISIS ET DE PARIS.

Le baron Taylor a trouvé à Jumièges, dans une tombe de 1120, deux vases couverts d'un vernis plombé. On lit, du reste, une description de ce procédé de glaçure plombifère dans un recueil de recettes placé à la suite du *Metricus liber Eraclii de Coloribus et Artibus Romanorum*, ouvrage qui remonte au xiie s. Les centres les plus importants de cette fabrication semblent avoir été Paris, le Poitou, la Bretagne, la Bourgogne et surtout le Beauvaisis dont, dès le xiiie siècle, « les godets » étaient passés en proverbe* et dont Rabelais vante les poteries azurées.

Non loin de Beauvais, la production de la *Chapelle-aux-*

* « Godets de Beauvais, poêles de Villedieu ». Le mot poêle n'a pas ici le sens d'appareil de chauffage. Villedieu, bourg de la Manche qui porte le nom de Villedieu-les-Poêles a encore aujourd'hui une importante fabrication de chaudronnerie et d'ustensiles de cuisine. La Chapelle-aux-Pots continue à pratiquer avec succès depuis l'époque celtique l'industrie céramique. Les poteries du Beauvaisis sont vertes ou azurées. Le musée de Cluny, le Louvre, et surtout Beauvais en possèdent de beaux échantillons : gobelets, bouteilles, gourdes, etc. — L'importance de la fabrication parisienne est attestée par la lettre de Charles VII (Gannat, septembre 1456) confirmant les statuts et ordonnances « faitz et advisés » au mois de juillet précédent par le Prévôt de Paris « sur le faict du mestier et marchandise des potiers de terre de notre ville et banlieue de Paris, pour le bien et l'utilité du dict mestier et de la chose publique en la présence et de l'accord et consentement des maîtres et des ouvriers du dict mestier ». Outre les conditions professionnelles (six ans d'apprentissage, etc.) il faut, pour être admis comme ouvrier, être « homme de bonne vie, renommée et honneste conversation ». Ce souci du bien général et de la morale se montre mieux encore dans les détails minutieux que contient l'ordonnance pour assurer la loyauté de la fabrication et empêcher de « décevoir le peuple ». La corporation des potiers de terre, qui avait pour patron

Pots et de *Savignies* était active et recherchée. Sèvres possède une statuette (un ménétrier) en terre vernissée de Savignies qui appartient au dernier tiers du xvᵉ siècle. On voit donc par là (et ce n'est pas le seul exemple) que l'on employait la faïence vernissée à des objets de fantaisie et de pur luxe. Il fallait bien que certaines pièces céramiques eussent une valeur considérable puisque dans l'inventaire des joyaux de la couronne de l'année 1418 nous voyons cité sous le nᵒ 21 un pot de terre blanc « garny d'argent à esmaulx de plusieurs couleurs et sont les esmaulx en façon de losange* ». On employait aussi la faïence vernissée dans l'architecture. Ce fut même là une de ses premières applications.

MOSAÏQUE EN TERRE CUITE. — CARREAUX PEINTS ET ÉMAILLÉS. — LES CÉRAMISTES DES DUCS DE BOURGOGNE ET DE BERRY.

Depuis longtemps déjà, au lieu de la mosaïque trop chère et trop difficile, on se servait souvent, pour le revêtement du sol et des murs des églises ou des châteaux, de petits fragments de terre cuite colorée, d'agencement divers et parfois d'un bel effet décoratif (églises de Vézelay, Saint-Denis, Saint-Pierre-sur-Dives, Laon, Vincelles, Bailly, salle du trésor à Noyon, abbaye d'Ourscamp, châteaux de Coucy, de Beauté-sur-Marne, construit par Char-

Saint-Bon, remontait peut-être au xɪɪɪᵉ siècle. Après Charles VII, Henri IV en renouvela les statuts, 1607. Depuis quelques années (1600) les faïenciers avaient des statuts distincts, mais en 1706, les potiers et les faïenciers furent réunis dans une seule corporation avecles émailleurs, verriers et patenotriers (fabricants de chapelets).

* Douët d'Arcq. *Choix de pièces inédites du règne de Charles VI.*

les V, hôpital de Tonnerre, etc.). La grande tour conique du Louvre de Philippe-Auguste était couverte de tuiles vernissées de diverses couleurs : et l'on en voit encore sur la toiture de N.-D. de Mantes. A partir du xiv⁰ siècle l'usage est partout répandu des « quarriaus peins et polis » pour rappeler l'expression qu'on lit dans un contrat conclu en 1397, par Philippe I⁰ⁿ le Hardi, duc de Bourgogne, avec Jehan de Moustiers et Jehan le Voleur. D'autres noms de céramistes de la fin du moyen âge nous sont connus. « Jehanne la potière » travaillait pour le duc Jean de Berry (comptes du duc, année 1398); Philippe le Bon, duc de Bourgogne faisait exécuter par Guill. Hermann « ung marmouset servant sur une grande fenêtre » au château de Lille*. Les carreaux en brique émaillée aux armes de son chancelier, Nic. Rollin, qui pavèrent diverses salles de l'hôpital de Beaune (1445-1451), avaient été commandés en 1447 au nombre de cinquante milliers à Denizot, faïencier à Aubigny où la fabrication remontait peut-être à Philippe-Auguste. C'est sans doute de la même fabrique que provenaient les carreaux des châteaux de Brazay-en-Plaine près Dijon et de Verzy. Mais, en domaine bourguignon, la principale fabrique de ces carreaux était à Hesdin où Philippe I⁰ⁿ avait fait élever un magnifique château.

DÉCORATION EN RELIEF. — ENGOBE GRAVÉ.

Les ressources de coloration du vernis transparent étant assez peu étendues, malgré le progrès qu'il marque,

---

* Voir Amé, *Carrelages du Moyen Age et de la Renaissance*, in-4, Paris, s. d.; Léon Delaborde, *Émaux*; Henry Havard, *Céramique : Histoire*, in-8, Paris, Delagrave, s. d., p. 65-68.

la décoration est surtout demandée au relief. « Tous les vases qui datent de cette première époque, dit Garnier, portent des figurines, mascarons, fleurs, écussons, etc., moulés à part et collés avant l'émaillage au moyen de terre plastique délayée ou *barbotine*. Ces ornements ont presque toujours un caractère religieux. Comme pièce exceptionnelle de ce genre, nous citerons, quoique par sa date (1511), elle soit postérieure à la période dont nous nous occupons, le plat de Savignies conservé à la Bibliothèque Nationale (Cabinet des médailles, salle de la Renaissance) et dont deux autres exemplaires sont l'un à Sèvres, l'autre à Cluny.

On arrive aussi pour les plats à un effet décoratif heureux, en les recouvrant d'un engobe plus clair, et dont on enlève ensuite une partie suivant un dessin déterminé qui se détache nettement sur le fond, soit en relief, soit en creux. C'est ce qu'on appelle l'engobe gravé. Ce procédé nous vient de l'Italie.

Fig. 64. — Poterie gauloise. Décor incisé.

Fig. 65. — Buire à surprise (se remplissant par le bas),
recouverte de vernis minéral jaune et vert.
Ornements appliqués à la barbotine.

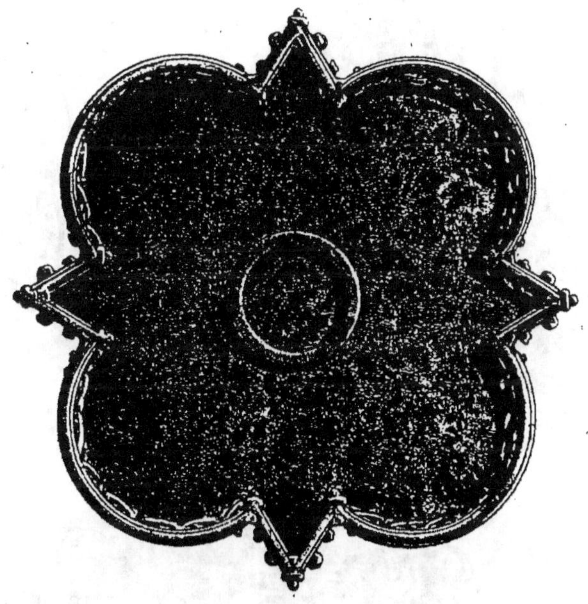

Fig. 66 et 67. — Plateau de déjeuner à galerie ajourée.
Pâte fine rougeâtre à vernis madré simulant l'écaille. (Fabriques
du Comtat Venaissin.)

FIG. 68 à 70. — Vierge et Autels portatifs..
Terre vernissée.

Fig. 71 à 75. — Gourdes de chasse, soupières et porte-bouquet,
Terre vernissée.

FIG. 76. — Gourde de chasse, forme de Coquille saint Jacques,
avec mascaron.

FIG. 77 à 82. — Formes et décors : Faïence de Bernard Palissy
(1500 † 1589).

LIVRE III

LE SEIZIÈME SIÈCLE
POTERIE ÉMAILLÉE
A ÉMAIL STANNIFÈRE OPAQUE

ORIGINE DE LA POTERIE ÉMAILLÉE DANS L'ORIENT ANTIQUE.
SES DÉBUTS EN ITALIE.

C'est aussi par l'Italie que nous avons connu l'émail stannifère, l'émail opaque cachant le fond. C'est là un événement de premier ordre dans l'histoire de la céramique occidentale, et qui y fit une véritable révolution. Ce procédé permettra en effet d'employer les couleurs les plus variées, les plus brillantes, et ouvrira à vrai dire au décorateur un champ indéfini. L'Orient antique l'avait porté à sa perfection ou peu s'en faut. Babylone, puis Ninive l'avaient connu, et les frises des palais achémenides (frise des archers, frise des lions au Louvre) seront toujours des chefs-d'œuvre. Le procédé semble avoir été employé pour la première fois en Italie aux environs de l'année 1420 et, du premier coup, Luca Della Robbia lui donnait une beauté et une importance qui ne devait jamais être dépassée.

La poterie émaillée en France.
Influence italienne. — Nevers.

C'est seulement à partir des guerres d'Italie que nous nous intéressons aux faïences italiennes; mais, malgré la vogue qui s'attache à tout ce qui vient des pays au delà des Alpes, nous nous contentons d'admirer, d'acheter à grands frais les produits de Faenza, d'Urbino, etc., plus que nous ne cherchons à surprendre leurs procédés. D'ailleurs des potiers italiens viennent chez nous : ils établissent des fours dans diverses villes, comme Lyon. qui, sur l'antique ligne de transit du Rhône, était un des grands centres d'échange des produits de l'Italie avec ceux du nord et de l'ouest de l'Europe et ils contribueront à fonder à la fin du siècle la fabrique de Nevers si brillante au siècle suivant*. De plus la faveur des grands ou riches personnages s'attache surtout, parmi les produits français, à ceux qui ont déjà acquis une grande renommée et affirment la supériorité de leur facture, aux émaux de Limoges qui donnaient, en leur genre, des aiguières et des plats au moins aussi beaux que ceux qui nous venaient d'Italie. Bref, nos céramistes étaient dédaignés. Il en résulta qu'ils se bornèrent aux objets d'usage courant et

* Signalons la gourde signée du potier nîmois Sigalan, 1581 (collection Gustave de Rothschild), qui est manifestement une imitation italienne.

ne cherchèrent pas à se perfectionner en profitant de l'exemple de ce qui se faisait à l'étranger.

BERNARD PALISSY. — CARACTÈRE DE SON ŒUVRE.

Aussi, lorsque Bernard Palissy (1510-1589), commence, en 1539 seulement, les recherches qui l'ont immortalisé, les poursuit-il sans s'inquiéter assez de ce qu'on a fait avant lui chez nos voisins et il accomplit les efforts vraiment héroïques que l'on sait pour découvrir des procédés analogues à ceux pratiqués depuis longtemps par ces Italiens dont les produits étaient partout répandus en France. Il est vrai qu'il a été plus loin qu'eux et qu'il trouva autre chose. C'est en 1555 qu'il fut maître de son procédé et qu'il inaugure la série des chefs-d'œuvre qui lui assurent une place exceptionnelle; car il a la qualité maîtresse de l'artiste : l'originalité. Pour la forme comme pour la couleur il crée un genre. La chaleur, l'éclat, l'harmonie de ses émaux sont incomparables.

Il faut bien le reconnaître cependant, Bernard Palissy, dont on admire surtout les animaux, fleurs en relief, etc., faisant corps avec la pièce qu'ils couvrent tout entière, est un sculpteur, un orfèvre qui se sert de la terre et des émaux pour réaliser sa pensée plutôt qu'un véritable céramiste qui doit laisser à ses œuvres au moins l'apparence de l'utilité ou d'une appropriation déterminée. Tantôt il imite les pièces d'orfèvrerie de Briot ou d'Étienne Delaulne, tantôt il copie les « bestions » que lui donne la nature. Il les moule même directement* comme il fait

---

* Voici le procédé. Sur un plat d'étain plutôt mince; il collait un lit de feuilles, de galets, de coquilles. Il y posait de vrais animaux, poissons, reptiles, crustacés, insectes, fixés par des fils fins qu'on faisait passer de l'autre côté du plat en le perçant avec une aleine.

pour les modèles qu'il emprunte aux orfèvres. Sur ces moulages il répand tout l'éclat chatoyant de ses émaux. Certaines de ces coupes ou grands plats ajourés à treillis, à mascarons et à élégantes figures mythologiques nous paraissent au moins aussi dignes d'admiration que ces réunions d'animaux divers qui ont fait sa popularité. Il a fait aussi, et c'est surtout là qu'il devait exceller, de la céramique architecturale. Il contribua à la décoration du château d'Écouen pour le connétable de Montmorency et, ayant reçu le titre d'*Inventeur des rustiques figulines du roi et de la reine-mère*, il créa dans le jardin des Tuileries une grotte rustique qui a disparu. Son genre de fabrication continua après sa mort, notamment à Avon, près de Fontainebleau, et l'on a au Louvre une statuette de Louis XIII à cheval qui est bien de son école*.

Malheureusement, et il faut savoir le lui reprocher, il

Puis on coulait sur le tout un lit de plâtre qui donnait le moule du plat que l'on voulait faire. Palissy a été un savant qui a eu des vues de génie et un écrivain auquel Brunetière a donné légitimement une place dans son *Manuel de l'hist. de la littér. française*. Nous n'avons à nous occuper ici que du potier. Mais, à ce titre, nous devons rappeler ses *Discours admirables de l'art de la terre*.

* La fabrique d'Avon produisait au commencement du XVIIe siècle des figurines d'hommes ou d'animaux qui amusaient fort le jeune Dauphin (depuis Louis XIII). — Au temps où Palissy avait ses ateliers à Paris on comptait plusieurs potiers parisiens de mérite : entre autres, Jacques de Fonteny qui était aussi poète et confrère de la Passion. Ce Fonteny donna à son ami L'Estoile, qui en parle dans son *Journal*, un plat artificiel de sa façon, « de poires cuites au four, qui est bien la chose la mieux faite et la plus rapprochante du naturel qui se puisse voir ». Les fabriques du Beauvaisis maintenaient leur réputation. On parle aussi des potiers d'Avignon et de la Saintonge. C'est à Saintes que Palissy fit ses premières recherches sur l'émail. A Lyon, le gênois Séb. Griffo établissait une faïencerie (1555-1556). En 1574, Julien Gambini et Domenico Tardessier de Faenza obtenaient d'Henri III un privilège pour fonder une faïencerie dans cette ville où travaillait aussi Francesco de Pesaro. Citons enfin les fabriques de Fayence (Var) d'origine incertaine.

Fig. 83. — Plaque formant porte-lumière. Buste en relief.

Fig. 84 et 85. — Plats ornés de reptiles, coquillages, poissons
et herbes aquatiques du bassin de la Seine.

FIG. 86. — Plat à sujet religieux. — (Baptême de Jésus-Christ).

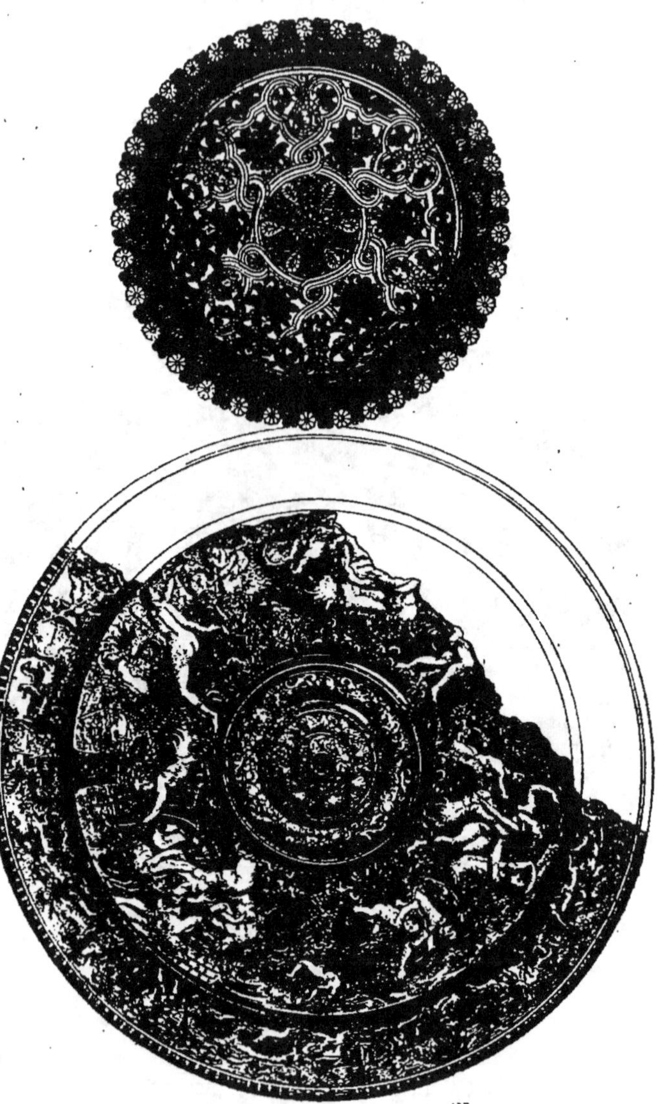

FIG. 87 et 88. — Plat à fruits, fenestré et émaillé. — Plateau
d'aiguière à décor inspiré de Briot (fragment).

Fig. 89. — Gourde de chasse à personnage formant goulot.
Sur la panse, personnages et animaux.

Fig. 90. — Gourde de chasse à décor de coquillages
du bassin de la Seine.

garda pour lui les secrets qui lui avaient donné tant
de peine à découvrir ou ne laissa à ce sujet que des indications tout à fait insuffisantes. C'est là une des raisons
qui, avec le changement du goût, expliquent l'indifférence
et même le dédain incroyable avec lequel furent plus tard
traités ces chefs-d'œuvre. Lorsque Ch. Sauvageot formait
sa collection, qu'il a donnée au Louvre, il payait cinq et
six francs des pièces qui, aujourd'hui, se vendraient trente
et quarante mille francs. Depuis que Palissy a repris
faveur, on a cherché à retrouver par des analyses chimi-
ques les formules de ses émaux et l'on y est parvenu. Au
xixᵉ siècle, Pull et Barbizet à Paris, Avisseau, à Tours,
ont produit des œuvres que n'aurait pas désavouées « l'inventeur des figulines du roi ».

Les faïences de Saint-Porchaire.

Pour le public, l'histoire de la céramique française au
xviᵉ siècle se résumait dans les seules faïences de Bernard
Palissy, lorsque, au xixᵉ siècle, on a commencé à rechercher, puis à se disputer dans des enchères invrai-
semblables, certaines pièces fort rares d'une fabrication
spéciale et qu'on a appelées d'abord, ne sachant d'où elles
venaient, faïences Henri II, puis faïences d'Oiron, pour
leur donner définitivement le nom de faïences de Saint-
Porchaire, qui doit leur rester*. Saint-Porchaire est un
bourg du Poitou et ces merveilleux échantillons de poterie française ont été fabriqués pour le compte de la famille

---

* On a même cru qu'elles étaient italiennes (florentines). On peut
lire une nouvelle discussion sur les « Faïences Henry II » dans
un ouvrage récent : *History and description of the old french
Faïence by* L. Solon. Londres, Cassel and Cᵒ, in-4°, 1904.

de La Trémoïlle, entre 1520 ou 1525 et 1558 environ, comme l'a démontré ingénieusement M. Bonaffé. Ils ont un caractère unique. La perfection en est telle qu'on n'a pu jamais les imiter complètement* et les procédés de cette fabrication, comme le dit Th. Deck, ont été poussés si loin qu'ils sont restés pour nous aujourd'hui presque un problème. Les formes imitent l'orfèvrerie qui est imitée également dans l'ornementation. La matière est une argile très blanche, connue sous le nom de terre de pipe, tout à fait analogue à la faïence dite anglaise que les potiers anglais passent pour avoir découverte deux cents ans plus tard. Sur un premier noyau fort mince, est disposée une seconde couche destinée à porter la décoration. Cette décoration se compose d'arabesques, d'entrelacs, de fleurons, d'armoiries, d'emblèmes, dont les lignes délicates rappellent les dessins au petit fer des relieurs. Ces ornements, d'une argile de couleur noire en général, sont, tantôt incrustés, comme des nielles d'orfèvrerie, dans la pâte préalablement creusée, tantôt collés en relief comme des pastilles (*pastillage*). Des ornements plus importants, masques, consoles, décorés de même, sont ajoutés après coup. Le tout est recouvert d'une glaçure mince, transparente, légèrement colorée en jaune, ce qui donne à la pièce une apparence ivoirine exquise. Les faïences de Saint-Porchaire sont simplement vernissées et non émaillées. On ne connaît guère, malgré le soin avec lequel elles sont recherchées et cataloguées, qu'environ soixante-cinq pièces de Saint-Porchaire : coupes à couvercle, biberons, buires, flambeaux, salières, la plupart sans usage

* Signalons cependant les belles « faïences Henri II » exposées par H. Boulenger, de Choisy-le-Roi, à l'exposition internationale de 1878 et les heureux essais de Jouneau à Parthenay.

FIG. 91 à 94. — Salière forme triangulaire (Époque Henri II)
— Emploi de formes architecturales et application d'ornements
géométriques Figurines et mascarons en relief.

FIG. 95 et 96. — Drageoir sur piédouche et décoration de son plateau.

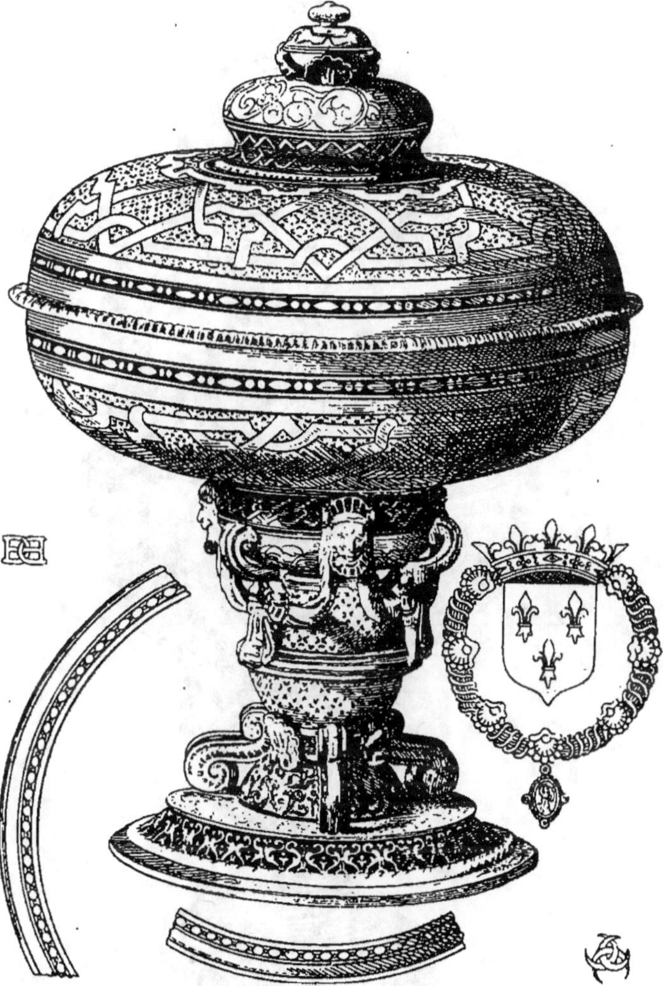

Fig. 97. — Coupe couverte, style arabe, niellée d'arabesques. Dans le fond de la coupe se trouvent les armes que nous reproduisons à droite.

FIG. 98. — Biberon, décor à entrelacs et ornements à relief.

pratique, destinées dès leur origine à être des objets de vitrine. Leur rareté, jointe à leur mérite, explique les prix qu'elles ont obtenus dans les ventes. Le chandelier d'Anne de Montmorency a été payé 91 875 francs par M. Dutuit dans la vente Fountain (1884). Spitzer avait acheté, en juin 1882, pour 32 000 francs, dans la vente Hamilton, une coupe qui avait été vendue précédemment 1 300 francs, puis 7 000 francs. On voit la progression*.

La Céramique architecturale.

Oiron. — Le chateau de madrid. — Fabriques normandes.
Ligron. — Première fabrication rouennaise.
Masséot Abaquesne.

Si Oiron a perdu la gloire, que voulait lui attribuer Benjamin Fillon, d'être le lieu d'origine des « faïences Henri II », il n'en est pas moins vrai que ce bourg posséda une fabrique de faïences créée par Hélène de Hangest, dame de Boissy; mais cette fabrique ne s'occupait guère que de faïence architecturale. On a conservé plusieurs carreaux de revêtement de ce beau château d'Oiron, près Thouars. qui n'a pas la notoriété qu'il mérite**.

La céramique joue à cette époque un rôle important dans les édifices. L'église de Brou (1505-1552), à Bourg, reçut dans certaines parties un pavement analogue à

---

* Ces prix ne sont pas aussi extraordinaires qu'ils peuvent le paraître. Au temps d'Auguste, l'acteur Æsopus, grand collectionneur, avait payé un seul plat 100 000 sesterces, soit 26 000 francs environ. — On a retrouvé le nom de deux des ouvriers de Saint-Porchaire, Guillaume Marsault (mort le 19 décembre 1558) et Tascher. (Voy. *Ami des monuments*, année 1889, p. 81.) — Voy. p. 142.

** Des Cariatides ou gaines en terre cuite qui se voyaient au château d'Oiron ont été récemment vendues.

CÉRAMIQUE FRANÇAISE.

FIG. 99 et 100. — Ensemble et détail d'un carrelage provenant du château de Madrid, près Paris (Voir figure 101.)

celui d'Oiron (deux carreaux au Louvre). Il en fut de
même aux châteaux d'Écouen, de Chantilly, de Madrid, de
Gaillon, de Thouars, de Polisy (Jura)*, à l'hôtel de Soissons**. Le chœur de la cathédrale de Condom (première
moitié du xviᵉ siècle), est entouré de stalles en terre cuite.
Girolamo della Robbia, appelé par François Iᵉʳ (1526), orna
bientôt de bas-reliefs de faïence émaillée le château de
Madrid***. Cette sculpture céramique monumentale, renouvelée des Étrusques, et justement en pays Toscan, à Florence, avait été aussi pratiquée par des artistes français.
Le musée de Toulouse a recueilli des statues de grandeur
naturelle, en terre cuite peinte et rehaussée d'or, d'un
réalisme des plus curieux pour le détail des costumes et
pour les types (vieilles édentées montrant la langue, broderies et lacets des ajustements, etc.). Elles datent de la
fin du xvᵉ siècle et proviennent de Saint-Sernin***. Le

---

* L'architecte Chauvet a exposé aux salons de 1898 et 1908 la
reconstitution du carrelage de Polisy.

** L'hôtel de Soissons, résidence de Catherine de Médicis, se
trouvait sur l'emplacement de la halle au blé à Paris.

*** Les comptes royaux francisent le nom de Girolamo della
Robbia en Jhérosme de la Robie.

**** Ces statues, au nombre de huit, placées d'abord au pourtour
de l'abside de Saint-Sernin, à Toulouse, puis reléguées par Viollet-le-Duc dans la tribune des croisillons, ont été enfin transportées
au musée. On les appelait les statues des bienfaiteurs de l'église.
Les visages semblent avoir été moulés sur le cadavre (*Album des
Monuments du Midi*, t. I, p. 95. Henri Rachou. *Les statues de la chapelle de Rieux et de la basilique de Saint-Sernin*). On peut leur comparer, par exemple, le Christ et les Apôtres exécutés, probablement
par Ant. Juste, pour le château de Gaillon et dont il reste quelques
fragments (P. Vitry, *Michel Colomb*, p. 212). Nous ne parlons
qu'incidemment des statues ou groupes de terre cuite. Aussi bien
faudrait-il refaire à ce sujet l'histoire de la sculpture. Remarquons
qu'il y a deux espèces de terres cuites, d'une valeur fort inégale.
En général, pour la terre cuite, comme pour le plâtre, le sculpteur
fait un moule, ce qui permet d'avoir plusieurs exemplaires. L'œuvre
est autrement précieuse, lorsque c'est la terre même modelée par

musée de Moulins possède une statue en terre vernissée de saint Louis qui est environ du même temps.

Nous avons cité plus haut les travaux architectoniques de Bernard Palissy. Les fabriques de grandes faïences à relief d'*Infreville*, *Armentières*, *Chatel-la-Lune*, *Malicorne* (sur le territoire actuel de l'Eure ou de la Sarthe), plus encore celles de *Manerbe* et du *Pré-d'Auge* (Calvados), se distinguent surtout dans l'exécution de pièces de faîtage de grand luxe pour couronner les pignons; plusieurs sont surmontées du groupe bien connu du pélican donnant à manger à ses petits. On en voit notamment de fort belles au château des Rothschild, à Fer-

l'artiste (exemplaire unique) qui affronte les chances de la cuisson. La sculpture en terre cuite fut en grande faveur à la fin du xviii⁰ siècle. quoiqu'elle ne reçut guère alors les applications monumentales qu'elle avait eues à d'autres époques. Rappelons cependant un certain nombre d'œuvres qui méritent l'attention, particulièrement dans les musées de province où l'on penserait moins à les chercher. D'abord les bustes de Houdon : *Rousseau, Washington, Mirabeau*, etc., au Louvre, *Napoléon* (Dijon). *Dumouriez* (Angers): puis les nombreux groupes et statuettes, véritables chefs-d'œuvre du genre de Claude Michel dit Clodion, qui a fait aussi dans la même matière les quatre bas-reliefs du musée de Cherbourg : *la Peinture et la Sculpture, la Musique, l'Architecture et la Géographie. l'Astronomie et la Géométrie; la Chercheuse d'esprit* et un buste de *Jeune fille*, par Attiret (Dijon); *l'Amour et l'Amitié*, par Moitte (Besançon); bustes de *Madame de Fondville*, par Defernex (Le Mans); de *Perronnet*, par François Masson (Orléans); divers bustes par Pigalle et le *Nègre Paul*, par Desfriches (même musée); un buste de femme, par Chinard (Lyon); *l'abbé Godinot*, par Cousinet Reims); *Corneille assis*, statue par Caffieri (Rouen. le marbre exposé au salon de 1779 en même temps que le modèle en terre cuite est à l'Institut). Les deux *Sphinx* à tête de femme de la salle du mobilier Louis XV au Louvre, doivent, d'après le costume, être voisins de l'année 1740. Nous disons un mot plus loin des médaillons de J.-B. Nini (voy. p. 141-142). Le genre n'a pas été abandonné au xix⁰ siècle, quoiqu'il ait été moins pratiqué. Sans parler de l'art industriel et de la sculpture courante pour églises. des sculpteurs de grand talent n'ont pas dédaigné de le pratiquer, par exemple. M. de Saint-Marceaux. — Signalons aussi une statue de roi en terre cuite peinte (Louvre), exécutée, au xiv⁰ siècle, vers 1540.

Fig. 101. — Détail du carrelage reproduit figures 99 et 100.

FIG. 102 et 105. — Épis de faîtage, en terre vernissée,
formés de diverses pièces. Décoration polychrome.

rières. Les fabriques de *Ligron* (Sarthe), qui remontent peut-être au XIII° siècle, exécutaient aussi de ces *épis de faîtage*, mais s'adonnaient surtout à la fabrication de statuettes de la Vierge qui passaient pour préserver de l'incendie et que l'on plaçait dans les fermes, soit sur des tablettes, soit sur de petits édifices rustiques, tonnelles, hangars, puits. Cette manufacture, trop peu connue, dont les produits n'ont aucune marque, s'est continuée jusqu'au XIX° siècle, donnant des porte-bouquets, soupières, gourdes, etc., d'un travail ingénieux et élégant. Au XIX° siècle, elle produisit, comme pièces nouvelles et caractéristiques, des soupières à treillis et à double enveloppe. Ligron possédait encore douze fourneaux en 1829, elle n'en avait plus qu'un à la fin du siècle. On a conservé le nom de plusieurs familles de potiers qui y pratiquaient leur industrie de générations en générations : les Aubry (1686-1854), les Gallet (1692-1787), les Hautreux (1688-1856), les Jaunay (1687-1780), les Jubault (1686-1852) les Leroy (1692-1759)*. On peut rattacher à la céramique architecturale les poêles en faïence vernissée qui commencèrent à être en usage chez nous au XVI° siècle, remplaçant avantageusement les « braseros » auxquels on donnait jusque-là ce nom. En 1545, était construit à Fontainebleau le *Cabinet des poêles*.

L'escalier du château de Chantilly est orné de deux véritables tableaux, formés de carreaux de faïence et représentant des scènes de l'histoire romaine : *Mutius Scévola* et *Marcus Curtius*; ils sont l'œuvre de Masséot Abaquesne, qui donna une première période de notoriété à la faïence de *Rouen*. Il avait été protégé par le connétable de Montmorency, ce rude soldat auquel l'art français a de

---

* Voir un article de *L'Art pour Tous*, par M. Don.

grandes obligations, et qui fut aussi, comme nous l'avons vu, le protecteur de Palissy. C'est pour Écouen qu'Abaquesne avait fait les faïences que Chantilly a recueillies et dont l'une porte la mention : *A Rouen* 1542. On lui attribue plusieurs travaux du même genre, tels que les carrelages du château des d'Urfé à la Bastie-en-Forez et le pavement de la chapelle des fonts baptismaux à Langres* (1551).

Abaquesne était certainement mort en 1564, car à cette date, sa veuve, Marie Durand, qui avait continué son industrie, traitait, en son nom particulier, pour la fourniture de quatre milliers de carreaux émaillés de couleur, au prix de 56 livres le mille. Depuis cette époque, il n'y a plus trace de faïencerie à Rouen jusqu'en 1644 où des lettres-patentes sont accordées à Nicolas Poirel, sieur de Granval, huissier de la reine régente Anne d'Autriche, « l'autorisant à fabriquer et à vendre de la faïence dans toute la province de Normandie ». N. Poirel eut peine à jouir de son privilège et le parlement de Rouen refusa à trois reprises de l'enregistrer. Mais bientôt « le Rouen » allait prendre le premier rang dans la céramique, non seulement en France mais en Europe, et Colbert écrivait dans son mémoire sur les manufactures du royaume : « Protéger et gratifier les faïenciers de Rouen et environs, et les faire travailler à l'envy. Leur donner des dessins et les faire travailler pour le roi ** ».

---

* Il a fait aussi plusieurs vases et pots de pharmacie. Les pharmaciens mettaient un grand luxe dans leurs bocaux L'Hôtel des Invalides à Paris, Pont-Saint-Esprit. Tarascon, Carpentras, Nancy possèdent de riches collections de ce genre.

Le docteur Paul Dorveaux vient de publier (Paris, 1908), un volume in-8 sur *Les Pots de pharmacie.*

** Ed. Garnier. — *Dictionnaire de la Céramique,* p. 2, et 177-8.

Au genre de fabrication de Michel Abaquesne, on peut rattacher le précieux carrelage, composé de 140 carreaux, provenant du château de Madrid, près Paris, et qui se trouve au musée du Louvre. Il porte la date de 1557 et est compté au nombre des chefs-d'œuvre de la céramique*.

* Un événement qui paraît bien étranger à la céramique, la découverte de l'Amérique, a eu sur son développement une grande influence, non seulement en Espagne et en Italie, pays soumis à la maison d'Autriche, mais même en France. Cette influence s'est fait sentir de deux manières. D'abord l'afflux considérable de métaux précieux, en faisant baisser leur valeur, permit de substituer à la poterie de luxe des œuvres d'orfèvrerie plus solides pour un prix relativement peu supérieur. Puis les céramistes eux-mêmes, pour suivre la mode, furent amenés à imiter dans leurs produits les formes des pièces d'orfèvrerie; le style *platéresque* ou argentier s'appliqua donc à la céramique, comme il s'appliquait à l'architecture. On pourrait presque dire que, d'une manière générale : ce qui profite à l'orfèvrerie nuit à la céramique et réciproquement.

Fig. 104. — Formes de la faïence de Saint-Porchaire.

FIG. 105 à 111. — Formes et décors de la faïence de Nevers.

LIVRE IV

LE DIX-SEPTIÈME SIÈCLE

FAITS GÉNÉRAUX
RECHERCHE DU SECRET DE LA PORCELAINE.
INFLUENCE DES GUERRES EUROPÉENNES SUR NOTRE INDUSTRIE
CÉRAMIQUE.
SUPRÉMATIE DE LA FAIENCE FRANÇAISE.

Les faïences d'art avaient été, nous venons de le voir, fort appréciées au XVIᵉ siècle et avaient reçu les encouragements du pouvoir royal, comme des grands personnages du temps.

Au XVIIᵉ siècle, même lorsque Colbert et Louis XIV reconstituaient ou créaient, avec l'intelligence et l'activité que l'on sait, nos industries nationales, le gouvernement du roi, malgré la justesse et la largeur de ses vues, parut ne pas attacher tout son prix à une industrie qui avait cependant fait ses preuves sur notre sol. Les encouragements ne lui firent pas défaut absolument (voy. p. 63); mais *la Manufacture des meubles de la Couronne*, créée aux Gobelins en 1667, — qui réunit des tapissiers, des orfèvres, des ébénistes, des menuisiers, des lapidaires, des brodeurs, des teinturiers, des fondeurs, des sculpteurs, des peintres et même des graveurs — n'eut pas de céramistes. Cela n'empêcha pas la France de posséder à la fin du siècle, en dépit de la concurrence de la Hollande, les plus habiles faïenciers de l'Europe, dont les produits étaient recherchés en Angleterre, en Allemagne et en Italie. Quant au nombre de ceux qui s'adonnèrent à l'art de la terre, Vauban, dans son projet d'impôt sur la capitation, présenté en 1694, estime qu'il y avait en France dix mille faïenceries, poteries, tuileries, briqueteries.

Nous avions aussi des collectionneurs passionnés qui aux produits de la Hollande, de l'Italie et de l'Orient, réunissaient les produits nationaux. Tel était l'architecte-jardinier Lenôtre.

Il est intéressant de remarquer comment les grands événements de la politique européenne eurent leur contre-coup sur notre céramique. Les difficultés et les misères de la seconde partie du règne de Louis XIV furent plutôt favorables à son développement et cette industrie profita de ce que perdait celle des orfèvres.

En effet, dès 1688, au moment où les armées de la troisième coalition menaçaient toutes nos frontières, la pénurie du trésor avait fait décider l'envoi à la Monnaie d'une grande quantité de vaisselle d'or et d'argent. Ces envois, renouvelés à diverses reprises pendant la durée de la Guerre de la ligue d'Augsbourg, furent non moins fréquents pendant la Guerre de succession d'Espagne et l'on peut observer que cet abandon plus ou moins forcé de la vaisselle plate et son remplacement par la faïence coïncide avec le début de la belle période de la fabrication rouennaise.

Le roi donnait l'exemple ; la cour, les nobles, la haute bourgeoisie ne pouvaient manquer de le suivre et la mode maintint un usage que la nécessité ou la flatterie avait d'abord imposé. Le roi crut alors devoir protéger nos faïenceries contre la concurrence des autres pays et un arrêt du Conseil du 2 juillet 1709 défendit l'entrée dans le royaume des faïences, porcelaines et poteries étrangères.

Cette terrible année 1709 est justement celle où la Monnaie reçut, pour la fonte, le plus grand nombre de ces pièces d'orfèvrerie, exécutées dans la brillante période du règne. « Tout ce qu'il y eut de grand ou de considérable, dit Saint-Simon[*], se mit en huit jours en faïence, en épuisèrent les boutiques et mirent le feu à cette marchandise, tandis que tout le médiocre continua à se servir de son argenterie. » Le roi lui-même « agita de se mettre en faïence. Il envoya sa vaisselle d'or à la Monnaie et le duc d'Orléans le peu qu'il en avait. Le roi et la famille royale se servirent de vaisselle de vermeil et d'argent. Les princes et les princesses du sang, de faïences ».

Se servir de faïence fut, particulièrement en cette année, un signe de patriotisme et une manière de faire sa cour. Le duc d'Antin, le type du parfait courtisan, trouva le moyen de se distinguer par son zèle, tout en faisant une bonne affaire. « Dès qu'il eut le premier vent de la chose, il courut à Paris choisir force porcelaine admirable qu'il eut à grand marché et enlever deux boutiques de faïence qu'il fit porter pompeusement à Versailles. »

---

[*] *Mémoires.* Ch. XXXIV du tome IV (édit. Chéruel).

Mais ce que les amateurs apprécient le plus, ce sont les porcelaines que l'Extrême-Orient produit seul alors [*]. Aussi, au point de vue technique, la grande préoccupation des potiers de ce temps est déjà de découvrir le secret de la porcelaine de Chine.

L'on peut s'étonner que la chose ait été si difficile et que la France se soit laissé devancer par la Saxe, lorsque nous avions en grande quantité, sur notre sol, la matière première (le kaolin) nécessaire à cette fabrication. Le regret et l'étonnement augmentent, si l'on songe que ces gisements de kaolin se trouvaient dans le voisinage de Limoges, de cette ville qui avait été un des centres les plus actifs de l'art industriel du moyen âge, et où l'on devait avoir l'habitude et le goût d'essayer les divers minerais. (voir ci-dessous, p. 170-1).

Quoi qu'il en soit, trois grands faits marquent surtout l'histoire de la céramique française pendant le xviiᵉ siècle : au début, la constitution définitive des fabriques de Nevers; à la fin, la reconstitution des grandes fabriques de Rouen, et la création des fabriques de Moustiers.

FAÏENCES DE NEVERS.

Première période. — *Les Conrades, les Custodes.* — En 1565, le duché de Nevers était entré par mariage dans la famille italienne des Gonzagues. On a la preuve qu'en

---

[*] On en trouve la preuve amusante dans le *Roman bourgeois* de Furetières, œuvre réaliste très précieuse pour la connaissance de la vie intime du temps. L'avocat Nicodème qui est aux pieds de sa fiancée Javotte ne prend pas garde en se relevant « à un buffet boiteux qui estoit derrière lui et il le choqua si rudement, qu'il en fit tomber une belle porcelaine, *fille unique*, fort estimée de la maison ». Là-dessus la mère de Javotte éclate en injures contre le maladroit et finalement cette porcelaine cassée fit rompre le mariage.

1590 le duc Louis de Gonzague avait déjà dans sa capitale des faïenciers habiles venus de l'Italie, tels que Scipion Gambini probablement parent du potier établi à Lyon. En 1608, Dom. de Conrade, originaire de la ville d'Albissola, près de Gènes, où se fabriquaient les faïences dites de Savone (du lieu où elles avaient leur principal marché), était maître faïencier à Nevers. Son fils Antoine, fut « gentilhomme servant et faïencier du roi ». A partir de 1677, il n'est plus question des Conrades. Mais déjà depuis 1632 des artistes français avaient cherché à rivaliser avec ces italiens, et la famille des Custodes avait commencé sa belle fabrication qu'elle devait continuer pendant sept générations.

M. Darcel, a marqué d'une façon définitive les caractères de la faïence de Nevers; nous nous contenterons de résumer ce qu'il en a dit, en conservant le plus possible ses expressions. « Les premières pièces de Nevers (celles sorties des ateliers des Conrades) imitent, comme on pouvait s'y attendre, les faïences italiennes de la dernière époque d'Urbino. Elles sont caractérisées par un fond bleu ondé sur lequel se détachent des dieux marins. On y reconnaît spécialement l'influence des modèles donnés par Orazio Fontana. Mais, à Nevers, les procédés de fabrication sont plus simples, les couleurs moins nombreuses. Semblant remonter à son origine, le décor de la terre émaillée en revient à l'emploi excessif des violets de manganèse et à la simplicité du modelé. Mais ce modelé qui était bleu au commencement du xvie siècle, est jaune-orangé au xviie. Quant au style du dessin la différence est encore bien plus frappante. Au lieu des formes raides et compassées de la période archaïque, ce sont les formes rondes qui dominent. C'est une imitation des Bolonais principalement de l'Albanc et de ses « mythologies ». Le ton est aussi beaucoup moins intense ; cela tient sans doute à ce que les faïenciers supprimèrent la couverte dont leurs prédécesseurs avaient soin de glacer leurs peintures. » Cette couverte, n'exigeant point un feu excessif pour entrer en fusion, permettait de parfondre des couleurs beaucoup plus fugitives que celles auxquelles l'on dut se borner, lorsque la glacure ne fut plus obtenue que par une température beaucoup plus élevée. Aussi on ne voit plus cette association des jaunes et des bleus qui, parfois donne une légère teinte verte au modelé, non plus que les verts de plusieurs teintes. Les jaunes clairs dans les faïences de Nevers sont toujours séparés du bleu par une couche de blanc*.

Deuxième période. — « Vers la fin de la période italienne, aux environs de l'année 1660, vint le goût Persan : bouquets de fleurs, tulipes, narcisses, marguerites avec oiseaux, paons ou perroquets, peints en blancs, en jaune orangé sur fond bleu lapis. Ce bleu recouvre toute la pièce et a été produit par immersion ; l'ornementation est peinte par touches non fondues ensemble, surtout dans le jaune orangé, de sorte que ce décor a un aspect *déchiqueté* tout à fait caractéristique. La Chine fut aussi imitée en camaïeu bleu et orangé sur blanc. Mais souvent on ne prit à la Chine que ses personnages que l'on dessina en blanc sur fond bleu. Une autre variété de l'imitation chinoise est caractérisée par des dessins verts sur fond blanc avec parties noires sur fond orangé. »

* Sans vouloir entrer dans le détail de la composition de ces faïences, signalons la remarque que faisait le Nivernais, P. de Frasnay. « La faïence de Nevers, dit-il, se compose de deux espèces de terre dont l'une est appelée terre blanche ou terre fine et l'autre est une terre jaune ; l'une donne la beauté et la finesse et l'autre la force. »

FIG. 112. — Grand plateau en terre émaillée, gros bleu de Nevers
à décor Persan, fleurs et oiseaux.

FIG. 113. — Aiguière en forme *casque*, fond à émail gros bleu
décoré en blanc, fleurs et feuillages.

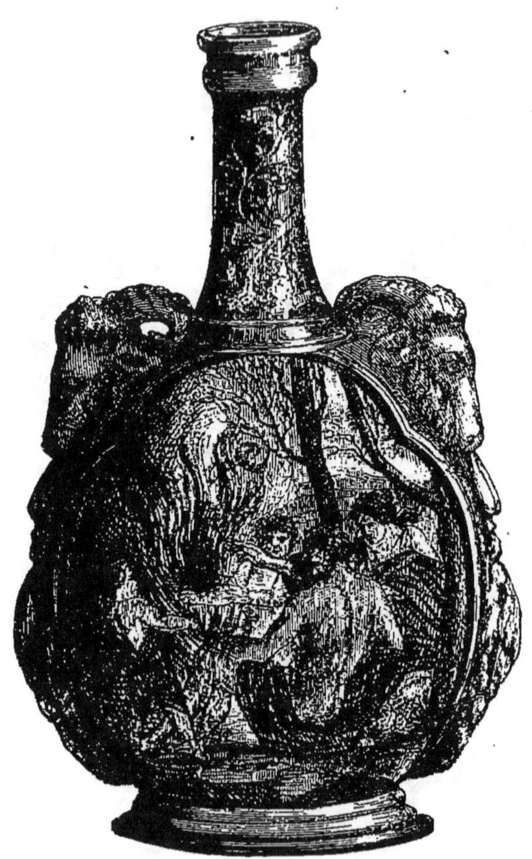

FIG. 114. — Gourde, première période de la fabrique de Nevers.
Inspiration des faïences italiennes.

FIG. 115. — Bouteille de forme orientale.
Émaux fond bleu, décor émail jaune. Décor persan.

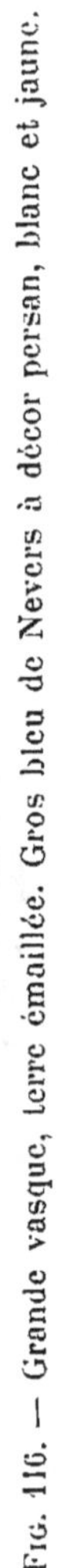

Fig. 116. — Grande vasque, terre émaillée. Gros bleu de Nevers à décor persan, blanc et jaune.

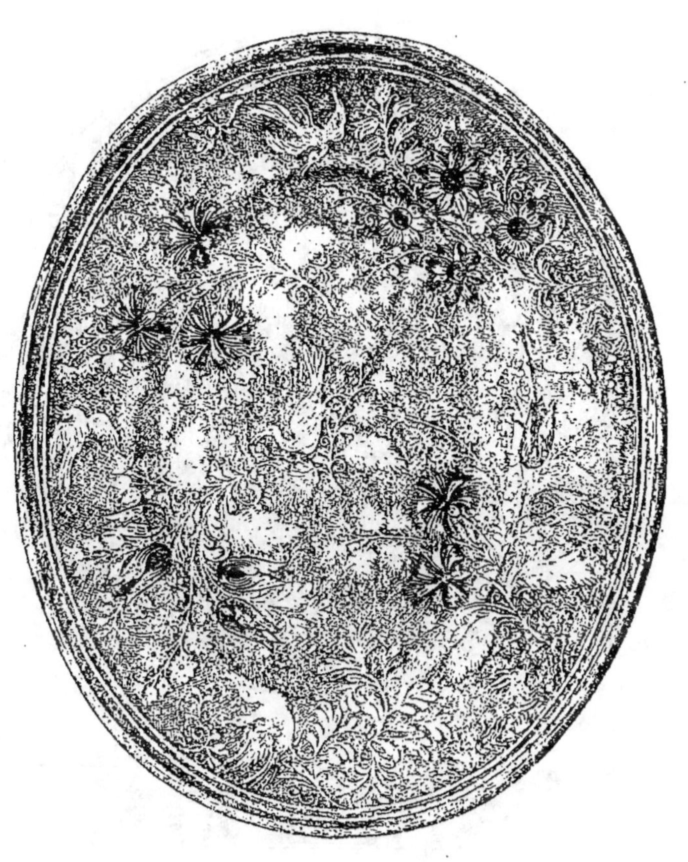

Fig. 117. — Plat oval, fond gros bleu, à décor des fleurs
et d'oiseaux, émail blanc en décalque.

Fig. 118 et 119. — Plat (et son profil). — Décor polychrome.
(Enlèvement d'Europe.)

Nous arrivons ainsi au milieu du xviiie siècle. La réputation de la faïence de Nevers est alors à son apogée. Un magistrat du pays, P. de Frasnay la célèbre en latin et en français dans ses *Vasa faventina* et dans son poème de *la Faïence*, paru dans le *Mercure de France* de juillet 1755.

> Chantons, fille du ciel, l'honneur de la Faïence!
> Quel art! Dans l'Italie il reçut sa naissance,
> Et vint, passant les monts, s'établir dans Nevers.
> Ses ouvrages charmants vont au delà des mers. etc.

Cette citation est suffisante pour qu'on ne désire pas en connaître davantage. Retenons cependant ce renseignement commercial. Notre soi-disant poète nous montre l'étranger.

> Se chargeant à l'envi de faïence à Nevers,

Puis il ajoute :

> Le superbe Paris et Londres peu docile,
> Payent, qui le croira! tribut à notre ville.

A partir de 1750 environ, les céramistes nivernais se mettent à imiter Rouen et Moustiers. Mais ils n'oublient pas complètement leurs anciennes origines et ils la rappellent par quelques pièces où sont représentées, avec plus ou moins de bonheur, des scènes historiques.

Après Rouen et Moustiers, c'est Meissen et la Saxe qu'on imite. Ces imitations de plus en plus routinières sont la preuve et en partie la cause de la décadence des fabriques de Nevers, d'où, à la fin du xviiie siècle ne sortaient plus que de vulgaires produits ornés d'emblèmes républicains *.

---

* Ces faïences ont, on le comprend, à défaut de mérite artistique, un grand intérêt historique. (Voir les *Faïences patriotiques du Nivernais*, par P. Fieffé, conservateur du Musée céramique de Nevers et A. Bouveault, architecte du département, avec une introduction de Champfleury. Nevers (et Paris, Édouard Rouveyre, 1885). On y remarque notamment une curieuse série d'assiettes franc-maçonniques commençant en 1764 pour finir en 1815.

On avait fait aussi à Nevers, quelques pièces de statuaire remarquables, telles que une sainte Catherine de 1690, un saint Antoine de Padoue d'une date voisine et le Christ en croix du musée de Sèvres (1725)[*].

Au milieu du xixe siècle, la faïence de Nevers s'est relevée grâce aux efforts, je ne dirai pas méconnus, mais trop peu appréciés des Montagnons, qui, — renouant la tradition du passé, plus par la passion de leur art que par la reproduction des anciens modèles, — ont reconstitué un véritable style nivernais et sont arrivés, même au point de vue technique, notamment pour les bleus foncés, à des résultats que les Custodes n'avaient pas toujours atteints.

Imitation du Nevers. — Nevers qui a tant imité a été imité à son tour, non seulement dans la région de la Loire, à Moulins, à Orléans, qui sont presque de ses succursales, mais dans des parties fort éloignées de la France, à Sinceny, dans l'Aisne, à Quimper, en Bretagne, à Auxerre, Ancy-le-Franc, Dijon, Cognac, La Forêt (en Savoie), Mathaux, Bordeaux et même, et c'est là un grand honneur, à Rouen[**].

ROUEN.

Les Poterat, Brument, P. Chapelle, etc. — Les fabriques de Rouen, qui avaient produit au xvie siècle des artistes comme Masséot Abaquesne (Voy. ci dessus, p. 64), étaient

---

[*] Le musée de Nevers contient une collection unique de faïences du pays. Citons aussi les nombreux pots de faïence de Nevers qui se trouvent à l'hospice de la Charité de Lyon et au musée céramique de Rouen.

[**] Voy. page 142.

à peu près complètement oubliées, malgré Nicolas Poirel, sieur de Grandval, et Edme Poterat, lorsque Louis Poterat, fils d'Edme, obtint de Colbert une ordonnance datée de Versailles du 31 octobre 1675, par laquelle il lui était donné toute facilité pour établir une fabrique de « porcelaines dans le faubourg Saint-Sever, à Rouen ». Louis Poterat, en effet, comme on le voit dans le début de l'ordonnance, prétendait, « par ses voyages en pays étranger et ses applications continuelles » avoir trouvé le secret de faire « la véritable porcelaine de Chine et celui (*sic*) de la Hollande ». Ce n'était qu'une illusion. Mais les poteries de Rouen n'en sont pas moins une des manifestations les plus parfaites de l'art céramique pour la forme, pour la décoration et même pour la matière.

Il y eut d'abord une période de tâtonnements, fort intéressante d'ailleurs, pendant laquelle, on imite plus ou moins Nevers et Delft. Mais en 1699, avec Brument apparaît le véritable style rouennais.

La fabrication de Rouen se distingue par la variété à tous égards. Elle a modelé avec autant de supériorité qu'elle a peint ; les sphères de Pierre Chapelle (globe céleste et globe terrestre portés par les figures des Éléments et des Saisons) exécutées en 1725 dans la fabrique de Mme de Villeray comptent parmi les merveilles de la céramique. En peinture, elle a traité la figure humaine de façon à pouvoir rivaliser avec les plus beaux spécimens de la Renaissance italienne (plats de Leleu avec des scènes de l'ancien et du nouveau testament, grand plat à bordure de Claude Borne avec scènes mythologiques). Mais elle a compris que ce qui convenait le mieux à son art c'était la décoration proprement dite. Ses dessins sont le plus souvent peu ou point modelés ; elle aime le rapport logique entre l'ornement et les formes qu'il recouvre, l'ingénieux agencement des lignes (arabesques), l'emploi des fleurs et des plantes stylisées; les êtres animés et l'homme apparaissent comme un élément de plus, principal parfois, mais conservant toujours un caractère ornemental. Elle est bien dans la tradition française, mais elle a su y assimiler ce qu'il y avait de meilleur dans l'art oriental. Les motifs formant des cartouches, des lambrequins sont « symétriquement distribués sur les surfaces des pièces, rayonnent autour d'un centre quand il s'agit d'un plat ou d'une assiette, descendent des bords et couvrent la panse lorsqu'il s'agit de vases » (Darcel). On doit y admirer aussi l'heureuse distribution des foncés et des clairs. De même qu'un bon graveur se sert des blancs du papier, les faïenciers de Rouen laissent toujours apercevoir leur fond d'un blanc profond, brillant sans être criard. Chez eux, la décoration ne fait jamais oublier l'objet décoré. Ils ont évité ainsi la faute qu'on a justement reprochée à plusieurs faïenciers italiens des plus célèbres. Le décor est généralement bleu foncé, mais on y trouve le jaune, le vert et surtout un beau rouge fort difficile à imiter. On a remarqué que ce sont les pièces les plus anciennes qui offrent les couleurs les plus variées.

Quant au style de cette décoration, c'est bien le style Louis XIV : on y retrouve Lepautre, Boulle et surtout Bérain; mais un Louis XIV où l'élégance domine et qui dès 1699 fait penser à la régence. Il est vrai que Gillot, le maître de Watteau, était déjà en vogue et qu'il fut certainement imité à Rouen avec les autres artistes que nous avons cités. Ce que l'on pourrait reprocher aux faïences de Rouen, et encore pas à toutes, c'est l'abus du détail, c'est aussi le manque de puissance dans l'effet général et l'absence relative d'éclat, lacunes bien compensées par l'harmonie souveraine de l'ensemble : il n'y a pas d'objets céramiques qui donnent plus que les belles pièces de Rouen la sensation d'une œuvre achevée, parfaite, à laquelle on ne pourrait rien ôter, rien ajouter, rien changer, sans la gâter.

Fouquay, Levavasseur, Guillibaud. — Les fabriques de Rouen conservèrent leur vogue et leur supériorité pendant la plus grande partie du xviiie siècle, produisant, outre les pièces de service, des sucriers, des brocs à cidre, des aiguières, des vases de cheminée, des fontaines, des grands plats de dressoir, des carreaux de revêtement, de vrais tableaux, comme les deux plateaux du Louvre représentant des scènes de l'Énéide, sans parler de pièces de curiosité, comme ces violons si recherchés dans les ventes et d'œuvres monumentales, telles que ces bustes de grandeur naturelle, représentant les quatre saisons et portés sur de hautes gaines, qu'on voit aujourd'hui au Louvre. On les attribue à Nicolas Fouquay ou à Levavasseur qui ont alors pour rival Girard de Renicourt.

Cependant la décadence de la faïence de Rouen commença au moment où triomphait justement ce style Louis XVI qu'elle semblait avoir annoncé par son élégance discrète. Il est vrai que la faïence française avait alors à lutter contre l'invention récente en France de la porcelaine et contre la concurrence de la faïence anglaise. Mais quelle magnifique évolution depuis le *décor chinois* de Guillibaud (paysages avec fabriques, marines, personnages), depuis les *rinceaux, guirlandes, lambrequins, broderies,* pour passer vers le milieu du xviiie siècle au *décor au carquois* et finir par le « *Rouen à la corne* » qui, après avoir

Fig. 120 et 121. — Assiettes de dessert, dites *aria* (airs notés).

FIG. 122. — Plateau octogone. Armes de Saint-Simon.
Décor à lambrequins et à broderies.

FIG. 123. — Pot à cidre ou *Pichet.*
Décor polychrome, dit *à la guirlande* (bleu, brun, rouge et jaune.)

FIG. 124 et 125. — Assiettes. Décor polychrome (dit *à la corne*).
La corne d'abondance donne naissance à tout le décor; noir,
rouge, jaune, bleu, gris vert). (Corne simple de forme différente.)

Fig. 126. — Bannette avec anses contournées.
Décor polychrome (dit *à la double corne*).

FIG. 127 à 130. — Sucriers (pour le sucre en poudre),
décor polychrome : le bleu clair ou le bleu foncé domine. (Les couvercles sont troués par des orifices dont la forme varie.)

Fig. 131. — Plateau de Soupière
aux armes de François de Montmorency, duc de Luxembourg,
maréchal de France, gouverneur de Normandie de 1690 à 1695.
Décor polychrome quadrillé, décoration chinoise.

FIG. 132. — Gourde à pans. Décor à pagodes.

FIG. 133 à 137. — Potiche, Cache-pot, Pichet, Fontaine et son bassin.
Décor polychrome.

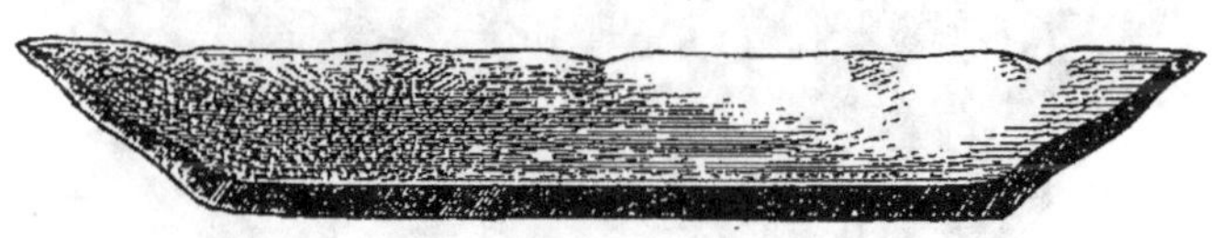

Fig. 138 et 159. — Assiette creuse (vue en plan et en coupe).
Décor, style rayonnant, bleu clair rehaussé de jaune.

FIG. 140 et 141. — Plats, l'un à décoration style Rayonnant (huit bandes partent du marly et arrivent au centre); l'autre à décor style rayonnant, partant du marly, pour s'arrêter à la partie concave.

Fig. 142 et 143. — Assiette armoriée (marquise de Saint-Denis). Décor fond ocre jaune. Le *marly* niellé en émaux noirs sur fond ocre jaune. — Plat. Décor jaune sur fond violet. Le *marly* niellé en émaux noirs sur fond ocre jaune.

donné des œuvres justement estimées, tombe dans la routine et la banalité. La matière elle-même n'est plus ce qu'elle était : on n'a plus les beaux blancs et les beaux glacés d'autrefois. En 1786, Rouen avait encore dix-huit faïenceries. Au commencement du XIXe siècle, il ne restait à peu près rien d'une industrie longtemps si prospère*.

Imitation du Rouen. — Mais les faïenciers de Rouen pouvaient être fiers de leur œuvre, et l'on faisait encore du « Rouen » ailleurs, lorsque Rouen n'en faisait pour ainsi dire plus. Sans parler de l'étranger, où par exemple Anspach en Bavière, Pavie, avec les Guargiroli, s'inspirèrent de ses modèles, Rouen fut imité à Nevers, Quimper, Lille, Saint-Amand-les-Eaux, Desvres, Sinceny, Saint-Cloud, Bordeaux, Mennecy, Mathaux, Gien; peut-être même à Moustiers, mais le fait est discutable. En tout cas cette imitation ne fut qu'accidentelle et les ressemblances pourraient s'expliquer ici par l'imitation de modèles communs.

MOUSTIERS.

Caractère général. — A Moustiers, le succès s'était maintenu plus longtemps qu'à Rouen. C'est un des faits les plus singuliers de l'histoire de l'art que l'éclat et la prospérité de cette fabrication de Moustiers, fondée dans

---

* On trouve de nombreux échantillons de la faïence rouennaise, à Sèvres, au Louvre, au musée de Cluny, etc. Mais pour avoir une idée complète de son développement, il faut visiter le musée municipal de céramique de Rouen. Ce musée a pour fond principal la collection léguée, par André Pottier, dont on a publié en 1870 l'ouvrage posthume : *Histoire de la faïence de Rouen*, Rouen, Le Brument, éditeur. Cette collection est d'une incomparable richesse et, de plus, est admirablement classée au point de vue à la fois chronologique (XVIe-XVIIIe siècle) et artistique.

un village perdu des Alpes de Provence, village auquel elle fit en peu de temps une réputation européenne. Moustiers est après Rouen ou, si l'on veut même, avec Rouen, la première des faïenceries françaises. Son décor est moins riche, moins varié, mais il est d'une admirable distinction. La figure humaine, qui y joue un grand rôle, y est introduite avec un caractère décoratif excellent, et certaines de ses pièces, en dépit de la date, donnent mieux la sensation du style renaissance que les meilleures céramiques italiennes. Elles font penser aux parties décoratives des Loges du Vatican et aussi aux peintures antiques de Pompéi. Ce qui s'accorde bien, puisque la décoration des Loges est imitée des Thermes de Titus. Le décor de Moustiers est monochrome, généralement d'un bleu discret, laissant une grande place au fond blanc. On cite bien un certain nombre de faïences polychromes de Moustiers, mais l'attribution est bien souvent douteuse. On a remarqué aussi que les faïences de Moustiers rappellent par leurs formes les pièces d'orfèvrerie et les vaisselles métalliques, argent ou étain. Certaines pièces de ce style, sucriers, brûle-parfums ou plateaux de Moustiers sont justement célèbres parmi les collectionneurs.

Les Clérissys. — La fabrique fut fondée vers 1650 par Clérissy. Ses premiers produits, comme on l'avait vu dans la Renaissance italienne, sont ornés des reproductions des peintures du temps, scènes mythologiques ou historiques, scènes de chasse, empruntées souvent aux compositions du Florentin Antonio Tempesta ou Tempesti (1555-1630). Mais ils l'emportent sur les poteries italiennes par le goût avec lequel ces scènes parfois compliquées

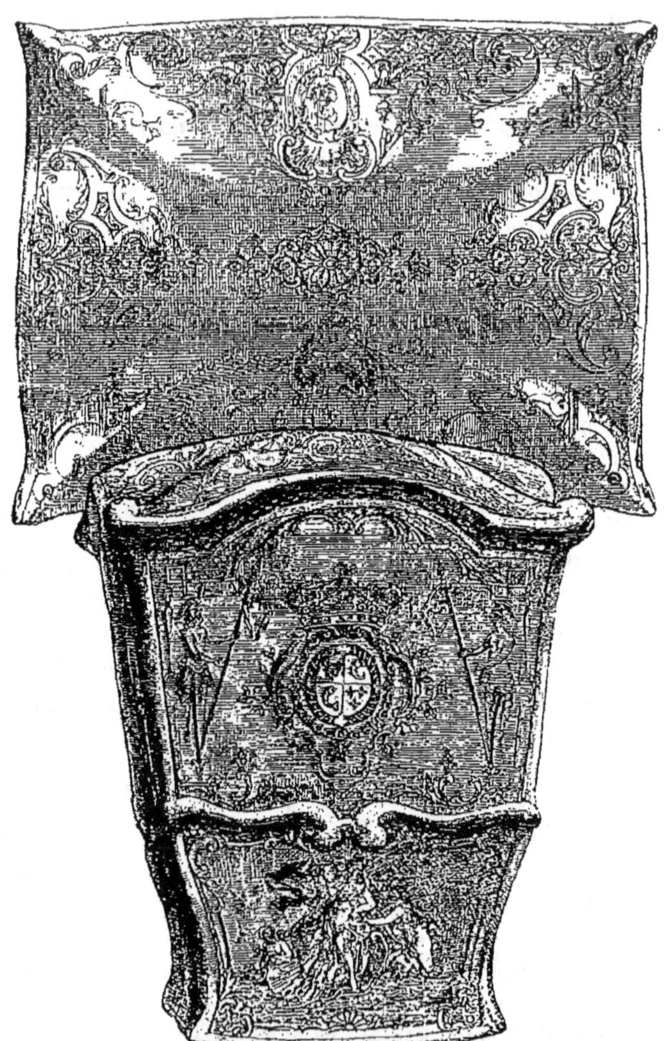

FIG. 144. — Chaise à porteurs (jouet d'enfant). Décor camaïeu.

FIG. 145 et 146. — Détails du décor de la chaise à porteurs (fig. 144).

FIG. 147 à 151. — Huilier avec burettes, et détails.
(Spécimen de la belle époque des faïences de Moustiers.)

Fig. 152. — Plateau rectangulaire.
Décor polychrome. (Grotesques. Style italien.)

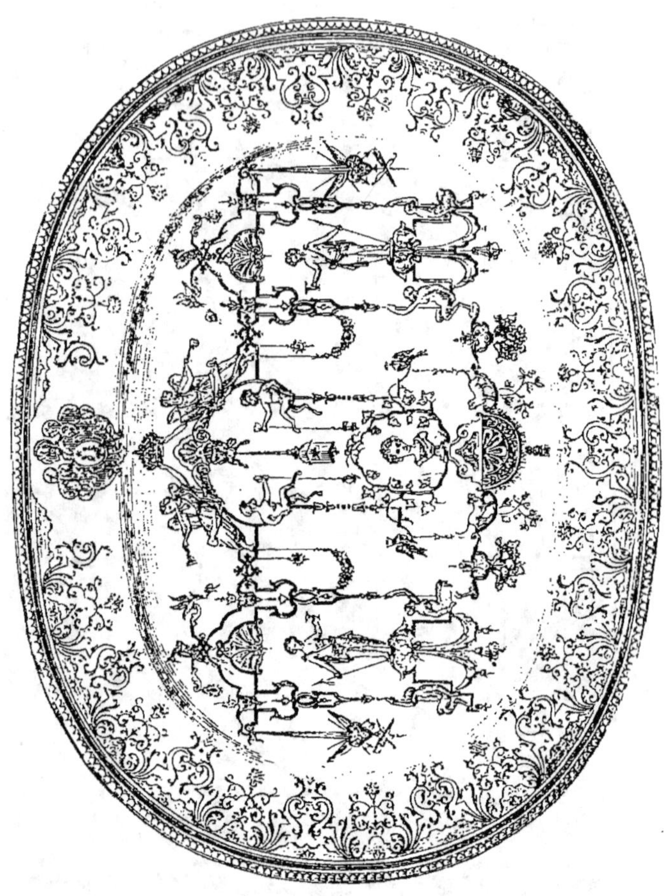

Fig. 153. — Grand plat. Décor bleu, Style Bérain.

Fig. 154 et 155. — Fontaine et Cuvette. Décor Style Bérain.

FIG. 156 et 157. — Assiette creuse, à bord échancré (et profil).

FIG. 158 à 163. — Veilleuse, et détails. Décor polychrome.

Fig. 164. — Gourde. École italienne-nivernaise.

FIG. 165 à 168. — Tonnelet, Broc et Porte-bouquets, etc.
(Fabrique de Nevers, et École nivernaise).

Fig. 160 à 174. — Saladiers, plat à barbe et Assiettes
(1ʳᵉ République). (Fabrique de Nevers, et École nivernaise.)

s'adaptent à la forme de l'objet, de manière à ne choquer ni l'œil, ni le bon sens.

En 1686, nous trouvons comme maître faïencier à Moustiers, Pierre Clérissy, qui eut pour successeur, en 1728, son neveu Pierre II. Sous Pierre Ier, le décor de Moustiers se modifia et prit ses caractères distinctifs. Il devint plus franchement décoratif et choisit ses motifs dans les dessins de Boulle et surtout de Bérain. De là sans doute les ressemblances que l'on a signalées entre Rouen et Moustiers. Mais cette comparaison montre surtout au contraire comment le même enseignement peut donner des résultats différents. Pierre II fut anobli par Louis XV (1743) et devint le « seigneur de Trevans ». Mme de Pompadour, deux ans après, lui commandait un grand service de table.

Fouque, Chaudon; Roux et Oléry. — Imitation du Moustiers. — Le « seigneur de Trevans et de Saint-Martin d'Alignos », céda sa fabrique à Joseph Fouque. A Joseph Fouque succéda Chaudon qui s'agita beaucoup, fit de la publicité et établit un dépôt à Paris, rue Saint-Honoré, entre la rue Chappe et la rue des Bourdonnais. Fouque et Chaudon adoptèrent et continuèrent avec bonheur le style de Clérissy. Il en fut de même de Roux et Oléry. Oléry fut appelé en Espagne par le comte d'Aranda, le célèbre ministre de Charles III, pour sa fabrique d'Alcora. C'est au retour d'Oléry qu'on fit peut-être à Moustiers des faïences polychromes à l'imitation de l'Espagne.

A la fin du xviiiᵉ siècle, Moustiers avait douze faïenceries dont les produits artistiques étaient recherchés dans toute l'Europe, étaient imités, parfois jusqu'au plagiat, à Lyon, Quimper, Rennes, Clermont-Ferrand, Ardus, Avignon,

Aubagne, Bordeaux, Montauban, Goult (Vaucluse), Angoulême, Auvillar, Varages dans le Var et jusqu'à Martres dans la Haute-Garonne et à Samadet dans les Landes. On n'y fabrique aujourd'hui que quelques assiettes blanches. Cependant le souvenir de l'ancienne prospérité industrielle du pays, n'a pas complètement disparu. On se rappelle le temps « où de nombreuses files de mulets venant de la Provence, du Dauphiné, du Languedoc attendaient leur chargement à la porte des fabriques les plus renommées. Les faïences, dès la sortie du four, étaient emballées encore chaudes et expédiées dans toutes les directions » (Davillier, *Histoire de la Faïence de Moustiers*.)[*]

AUTRES FABRIQUES.

Au xviiᵉ siècle appartient encore la fondation des faïenceries de *Quimper*, par J.-B. Bousquet (1690) et de *Lille*, par Jacques Febvrier (1696-1700). *Lyon* développe sa fabrication qui remonte au xviᵉ siècle[**]. *Marseille* débuta vers 1680. Nous y reviendrons en parlant du xviiiᵉ siècle. Une ville comme *Paris* ne pouvait pas manquer de faïenceries; mais on les connaît mal et elles ne paraissent pas constituer une école, quoiqu'on cite par exemple, vers 1660, Antoine Clérissy, Claude Révérend et, à la fin du

---

[*] L'abbé H. Requin a publié en 1903 une nouvelle *Histoire de la Faïence de Moustiers*, in-4°. Le musée céramique de Narbonne, un des plus riches de France, contient plus de cent pièces de Moustiers. Les plus habiles artistes qui travaillèrent à Moustiers sont Gaspard Viry (plat du Bon Samaritain, signé et daté 1711, au musée Borelly à Marseille), son fils J.-B. Viry, Féraud, Faucher, Baron, Pol et Hyacinthe Roux, Pelloquin.

[**] Voy. ci-dessus, p. 40 et 42 (à la note).

siècle, Pierre Lemaire, mort en 1700, et Pierre Chicanneau ou Chicoineau qui furent fournisseurs du roi. Révérend et Chicanneau firent, pour reconstituer la porcelaine chinoise, des essais dont on parlera plus loin. On connaît un curieux plat en camaïeu daté « à Paris le 17 mars 1654 » et, portant sur le marly l'indication du sujet : « Plaisanterie d'un Pédant et d'une Harangère ». Nous avons parlé plus haut de *Ligron* (p. 62).

FAIENCE ARCHITECTURALE. — LE PREMIER TRIANON.

Nous n'insisterons pas sur cette fabrication secondaire. Mais nous voudrions attirer l'attention en terminant sur les applications plus importantes qu'on ne croit, faites alors, de la céramique à l'architecture. Nous avons rappelé les pièces de ce genre fabriquées à Rouen. On peut y joindre, par exemple, au château de Beauregard, près Cheverny, une grande salle pavée en carreaux de faïence, représentant une armée en marche.

Le premier Trianon, détruit en 1687, était appelé « le Pavillon de porcelaine », et était presque tout entier recouvert de carreaux de faïences fabriqués à *Lisieux*. La céramique architecturale semble avoir été la spécialité des fabriques de la Normandie occidentale. Les fabriques du Calvados, à *Manerbe* et à *Pré-d'Auge*, etc., continuent à fabriquer des « épis » de faïence de dimensions monumentales pour couronner les pignons des toitures.

L'usage des poêles métalliques ou en faïence, était encore peu répandu en France au début du siècle, et la marquise de Rambouillet, curieuse cependant de tout ce qui pouvait rendre son habitation plus agréable, gagna un érysipèle à cause d'un récipient rempli de charbon qu'on avait oublié sous son lit. Il n'en était pas de même en Allemagne, et, dans l'Alsace qui allait bientôt devenir française, Hügelin avait, dès le commencement de cette période, à Strasbourg, une fabrique de poêles fort importante qui existe encore aujourd'hui. La France allait, du reste, entrer en rivalité avec l'Allemagne et bientôt les faïenciers les plus renommés étaient mis à contribution pour ce genre d'ouvrage. Antoine Clercq plaçait un poêle de faïence au Palais-Royal pour le cardinal Mazarin; en 1672, Le Révérend en faisait un pour le cabinet des parfums à Trianon*.

* Voyez Henry Havard : *Dictionnaire de l'ameublement*, article *poêle*. — Voy. ci-dessus, p. 63.

Fig. 175. — Nevers à fond bleu. (Décor persan.)

Fig. 176. — Décor emprunté à la céramique Rouennaise.

LIVRE V

LE XVIIIe SIÈCLE

CHAPITRE Ier

FAITS GÉNÉRAUX

Succès général de la céramique. — Invention
de la porcelaine. — Influence des événements politiques.

Au XVIIIe siècle, la faïencerie française, qu'on se place
au point de vue de l'art ou au point de vue économique,
est des plus prospères. Elle a pris le premier rang en
Europe. Rouen, Moustiers, Nevers dont nous n'avons pas
voulu interrompre l'histoire, ont égalé ou dépassé en
renommée les plus illustres fabriques de l'étranger.
Strasbourg qui vient s'y ajouter a eu une influence au
moins aussi étendue. Cependant un fait s'impose surtout
à l'attention : la découverte du secret de la porcelaine

chinoise faite en Saxe par Bötticher vers 1700*; un nom
domine tous les autres : Sèvres. Mais la manufacture de
Sèvres n'est fondée qu'en 1755. Elle s'illustre d'abord par
ses porcelaines tendres et n'aborde la porcelaine dure
qu'à la fin du siècle. D'ailleurs, qu'il s'agisse de faïences
ou de porcelaines, la céramique est une des plus charmantes manifestations de l'art charmant du xviiiᵉ siècle.

Les plus grands personnages, Mme de Pompadour,
Louis XV, le duc d'Orléans, Mme Dubarry, Marie-Antoinette, Stanislas Leczinski, le comte de Provence, le comte
d'Artois, les princes de Condé, le duc de Penthièvre,
le duc de Villeroy, Calonne, Orry, Turgot, s'y intéressent.
Non seulement les Seigneurs protègent, mais parfois ils
créent et dirigent eux-mêmes des manufactures : de La
Fue à Marignac (Haute-Garonne) 1757; de Séneville à
La Chatrie; Leray à Chaumont; de Bruni à La Tour
d'Aigues; de Doni à Goult (Vaucluse); le baron de Beyerlé
et le comte de Custine à Niederwiller; le marquis de Saint-
Aulaire et le comte de la Seinie à la Seinie**.

Comme sous le règne de Louis XIV, les guerres que la
France soutint alors eurent leur influence sur nos faïenceries. En 1759, au milieu de nos désastres de la Guerre
de Sept ans, de grandes quantités de vaisselle d'or et
d'argent furent aussi envoyées à la fonte. On fondit à la
Monnaie pendant six mois et Barbier dit à cette occasion
dans son *Journal*, exprimant l'opinion de la bourgeoisie
française : « Il n'est guère possible de se servir de la vaisselle d'argent, surtout en assiettes, quand les princes, les
plus grands seigneurs et les gens en dignité seront réduits

* Il semble qu'en 1701 la découverte était déjà faite. Voy. Fontenelle, *Éloge de Tschirnhausen*, et ci-dessous, p. 162 et 169-71. Le
nom de Bötticher s'écrit aussi Bœtticher, Bœttcher, Bœttger.
** Voy. ci-dessous, pages 150, 156, 174, etc.

à manger sur de la vaisselle de faïence ». Il dit plus loin :
« Cette aventure va ruiner tout le corps des orfèvres et en
même temps enrichir toutes les manufactures de faïence et
de porcelaine ». C'est en 1759 justement que le roi achetait
toutes les actions de la manufacture de Sèvres qui péri-
clitait ; mais elle ne pouvait manquer de se relever car
tout le monde se passionne alors pour

> La porcelaine et sa frêle beauté,
> Par mille mains *habiles* préparée,
> Cuite, recuite et peinte et diaprée*.

On ne veut pas que la Saxe ait seule le monopole de
cette invention et nous allons voir que la France allait
surpasser dans cet art, le pays d'Europe où il avait été
pratiqué pour la première fois. Mais au commencement du
XVIIIe siècle nous ne fabriquions encore que de la faïence.
C'est donc de la faïence que nous nous occuperons d'abord.

* Voltaire, *La Défense du Mondain*.

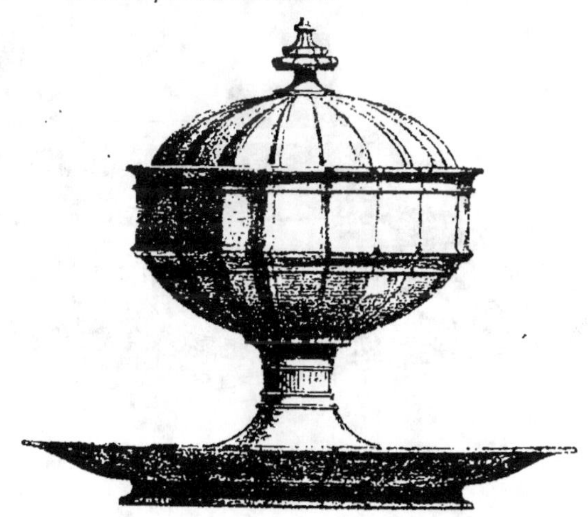

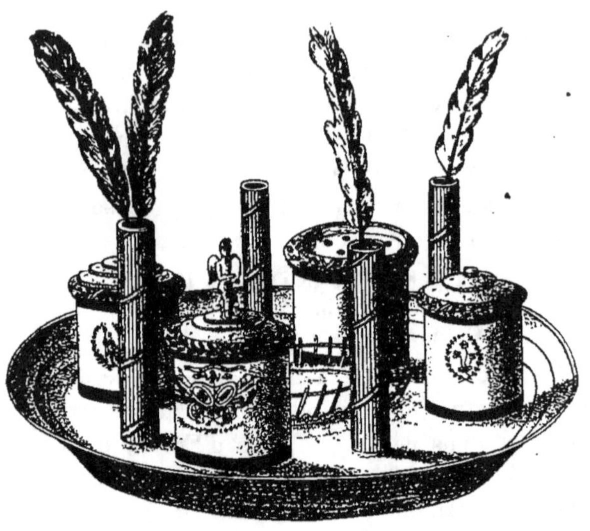

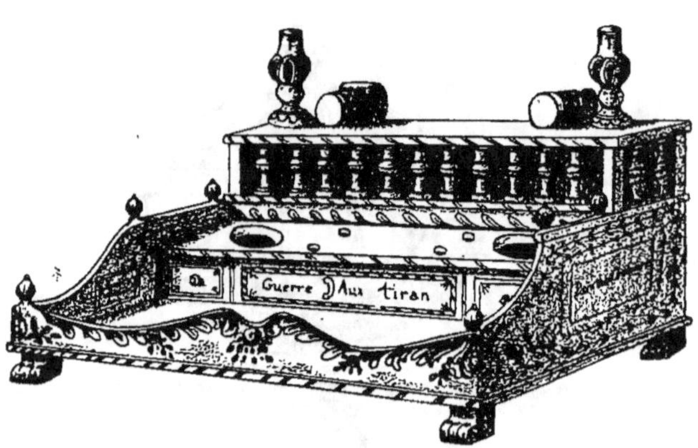

Fig. 177 et 178. — Écritoires, faïence populaire,
fin du xviiie siècle.

CHAPITRE II

FAÏENCES

STRASBOURG. — LES HANNONG. — INVENTION DU FONDANT.
DÉCOR AU FEU DE MOUFLE SUR FAIENCE.
IMITATIONS DU STRASBOURG*.

La fabrique de Strasbourg dont la fabrique de Haguenau
ne fut en somme que la succursale, doit sa fondation à
Charles Hannong (1709) qui se contenta d'abord d'exécuter
des pipes et des poêles. La découverte de la porcelaine
faite en Saxe excita son émulation, et l'arrivée d'un ouvrier
transfuge de Meissen, Wackenfeld, avec lequel il s'asso-
cia, non seulement lui permit de tenter à son tour des
essais de la nouvelle invention, mais lui donna l'idée de

---

* Le Musée municipal d'art décoratif et industriel de Strasbourg, fondé en 1877 et appelé Musée Hohenlohe, contient la collection la plus riche et la plus variée que l'on connaisse de céramique strasbourgeoise.

perfectionner la faïence de façon à ce qu'elle pût recevoir des décors qui rivaliseraient de netteté et de finesse avec ceux de la porcelaine. Pour cela au lieu d'être peint sur un émail cru devant être cuit au grand feu, le décor fut appliqué sur un émail déjà cuit et la pièce décorée devait être recuite seulement au feu de moufle. Pour que la couleur pût faire corps avec la surface sur laquelle on l'appliquait, on y ajoutait une matière incolore fusible à une température relativement basse. Ce *fondant* était destiné à fixer la couleur sur l'émail déjà cuit au grand feu, et qui, lui, ne fondait plus à cette nouvelle cuisson. De cette façon le décorateur eut à sa disposition une palette beaucoup plus riche; car peu de couleurs résistaient au grand feu*. C'est là une invention capitale dans l'histoire de la céramique et qui suffirait à la gloire des faïenciers de Strasbourg. Ils s'adonnèrent surtout, quoiqu'ils aient fait quelques pièces d'apparat qui leur font honneur, à la fabrication des services de table.

La décoration de Strasbourg, variée dans ses couleurs, précise dans ses formes, est simple et franche. Elle est claire dans sa composition, laisse au fond blanc une juste importance, a recours à des éléments qui n'ont rien de

---

* La cuisson à petit feu est aussi appelée cuisson à feu de moufle. On appelle moufle non pas une matière combustible, comme pourrait le laisser croire cette expression en somme mal formée, mais des boîtes ou cassettes rectangulaires en terre, dans lesquelles sont mises les pièces à cuire. Ces moufles sont soumis à un feu progressif. Les pièces qu'ils contiennent peuvent ainsi s'échauffer peu à peu sans être en contact direct avec la flamme. De cette façon on évite que la dilatation brusque et inégale n'amène des ruptures. Ce procédé fut employé vers le même temps par les faïenciers de Delft qui l'appliquèrent aux pièces de porcelaine dure qu'ils faisaient venir de Chine. Peut-être Delf précéda-t-il Strasbourg. Il resterait toujours à Strasbourg l'honneur d'avoir appliqué le fondant et le feu de moufle à la faïence.

Fig. 184 et 185. — Jardinière et Seau à rafraîchir.
Décors polychromes, imités du Strasbourg.

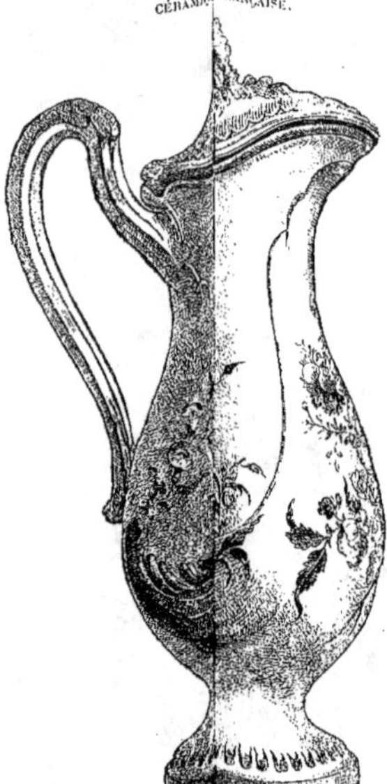

Fig. 186 et 187. — Buire, face et profil, décor polychrome.

Fig. 188. — Buire, décor polychrome.

Fig. 189. — Pendule, décor polychrome.
(Le génie tient en mains un cartouche aux armes de France)

Fig. 190 et 191. — Bateau (récipient à épices) et Soupière.
(Décor polychrome.)

subtil et plaisent à tous: elle a une certaine bonhomie gracieuse qui devait la rendre rapidement populaire. Tout en sachant fort bien éliminer les détails inutiles pour arriver à l'effet, elle s'inspire toujours de la nature, et se plaît surtout à représenter les fleurs: roses, jacinthes, œillets, tulipes que ses artistes savent jeter et grouper avec une fantaisie aimable, et exécuter avec une grande sûreté de main. Ajoutons que les formes sont variées, rehaussées de reliefs (fleurs, feuilles et tiges, etc.) et nous ne nous étonnerons pas que les produits plus modestes de Strasbourg, surtout ses soupières et ses légumiers, aient été aussi imités, plus imités même, que les œuvres plus fières de Rouen, non seulement dans les fabriques voisines de Niederwiller et de Lunéville; mais à Saint-Amand-les-Eaux, à Sinceny, à Bourg-la-Reine, à Meillonas, à Varages, à Marans, à Samadet et jusqu'à Marieberg en Suède. Malheureusement les exigences du fisc obligèrent les Hannong à fermer leur fabrique de Strasbourg en 1780 et bientôt après celle qu'ils possédaient à Hagueneau depuis 1724. (Voy. ci-dessous, p. 171-172.)

LORRAINE. NIEDERWILLER.

Ils avaient aussi souffert de la concurrence de la fabrique qu'avait fondée en 1754, à Niederwiller, un Strasbourgeois, le baron de Beyerlé, en enlevant aux Hannong un certain nombre de leurs ouvriers. Cette concurrence était d'autant plus dangereuse que le baron de Beyerlé et son successeur, le général comte de Custine, entendaient faire œuvre d'artistes et non de commerçants et ne s'inquiétaient pas par conséquent de faire de gros bénéfices sur les objets qu'ils mettaient en vente.

Niederwiller a produit des œuvres d'une rare finesse, et a fait jouer un rôle important à l'or, dans sa décoration, surtout à la fin du siècle. Une de ses spécialités, ce fut des assiettes ou autres objets imitant le bois, et décorés d'un sujet, généralement un paysage, imitant un dessin sur papier qui y aurait été collé ou fixé par des clous. Ce n'est là qu'une curiosité. Elle a donné aussi de charmantes statuettes. Parmi les artistes qui lui furent attachés, on doit mentionner le sculpteur Charles Sauvage dit Lemire qui s'est fait connaître d'autre part par des œuvres distinguées de statuaire.

Lorraine. Lunéville et Saint-Clément. Bellevue.

La fabrique de Lunéville, fondée en 1731 par Jacques Chambrette, qui y ajouta en 1750 celle de Saint-Clément, ne pouvait manquer de prospérer, protégée qu'elle fût par Stanislas Leczinski. On sait que cet ancien roi de Pologne devenu duc de Lorraine en 1737, ne négligea rien de ce qui pouvait contribuer à la prospérité industrielle et au renom artistique de son duché. L'établissement de Chambrette prit alors le nom de Manufacture royale de Stanislas et fut très florissante jusqu'à la réunion de la Lorraine à la France. Elle imita le plus souvent les motifs et les formes de Strasbourg, mais sans servilité. Elle dût surtout sa réputation aux statuettes, isolées ou en groupes, exécutées par le sculpteur Cyflé de Bruges, sous la direction de Mique. Il y en a de deux sortes : les unes sont en biscuit de terre de pipe, c'est-à-dire uniformément blanches ; les autres « émaillées sur le biscuit et enluminées ». On y remarque *Henry IV et Sully, le buste de M. de Voltaire, les bustes* en demi-grandeur *de Louis XV*

FIG. 192 à 196. — Assiettes, décor polychrome.
L'assiette couverte d'un décor représentant la dix-septième majeure
de trèfle est une pièce très rare. — Potiche, décor polychrome.

Fig. 197. — Grand vase de pharmacie.

FIG. 198. — Cruche en forme de femme assise, dite *Jacqueline*.
Décor polychrome.
(Anse en vert manganèse. Émaux bleu, jaune, vert et rouge.)

Fig. 199 et 200. — Vase de pharmacie, décor polychrome.
Plat à grotesque.

et de Marie Leczinska, une Petite Savoyarde avec sa mar- motte, Saint Charles Borromée et le sujet inévitable alors *Bélisaire aveugle conduit par un enfant**. Il y en avait pour tous les goûts. C'est ce que l'on appelle « les terres de Lorraine » et Cyflé a fait école. On fabrique aussi à Saint-Clément de grandes pièces décoratives en faïence : lions, chiens, etc., qui n'eurent pas moins de succès. Cyflé fut attaché ensuite à la fabrique de *Bellevue*, fondée près de Toul par Lefrançois en 1758, et qui fut surtout connue par ses grandes figures en terre cuite peinte qui eurent beaucoup de succès pour la décoration des jardins : *Le Jardinier appuyé sur sa bêche, les petits Savoyards, l'abbé assis lisant son bréviaire.* Leur prix était d'ailleurs modique : douze livres.

FABRIQUES DIVERSES DE LORRAINE ET DE CHAMPAGNE. SARREGUEMINES, APREY, ETC.

La Lorraine était dès lors un des centres les plus actifs de la céramique en France, et le mouvement s'étendait de là aux régions voisines de la Champagne. Mais les fabriques d'*Épinal*, de *Rambervillers*, de *Nancy*, des *Islettes*, des environs de *Lure*, celle de *Sarreguemines*, malgré l'importance qu'elle devait acquérir plus tard sont relativement secondaires. Les produits d'*Aprey* (Haute-Marne, 1740), ont conservé la juste faveur des collectionneurs par la finesse de leur pâte, l'éclat de leur blancheur et la délicatesse de leur décoration qui rivalise avec le Saxe. On recherche surtout les pièces décorées de petits oiseaux peints par Jarry. Le musée de Narbonne contient cinq pièces remarquables de Jarry, dont trois pots à rafraîchir.

---

* Cette popularité imprévue du général de Justinien était due au roman de *Bélisaire*, de Marmontel, paru en 1767.

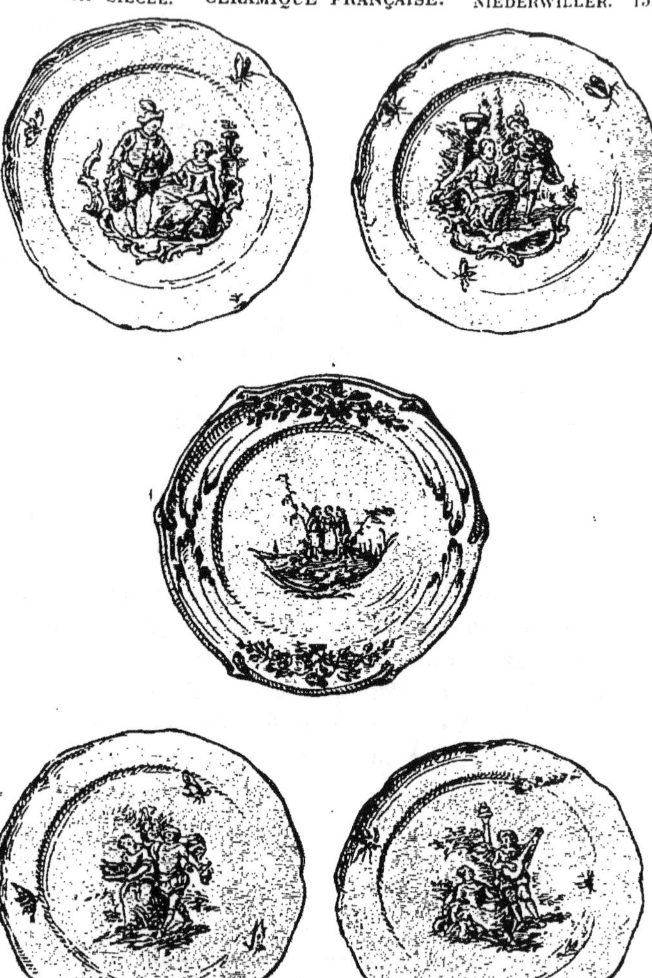

Fig. 201 à 205. — Assiettes à bords contournés.
Décor polychrome, et camaïeu rose ou violet.

FIG. 206 à 213. — Sucrier, groupe, coquetier, versière, statuettes
et petite plaque. Décor polychrome.

FIG. 214. — Pendule. Décoration polychrome.

FIG. 215. — Grand vase de pharmacie donné par le roi Stanislas
à l'hôpital de Nancy. Décor à formes contournées et tourmentées.

FIG. 216 à 220. — Broc et assiette en trompe-l'œil.
Plateau, forme carrée. Décor polychrome.

FABRIQUES DU NORD. — LILLE, DESVRES, SINCENY, ETC.

Les fabriques du Nord ne se placent pas non plus au premier rang, mais ont du mérite. Citons : *Lille* dont la première manufacture fut fondée en 1696 et qui en compta bientôt cinq ; *Valenciennes* (1745), qui, comme Lille, imita non seulement d'autres fabriques françaises, mais la Hollande et Delft (carreaux de pavement), *Saint-Amand-les-Eaux* (1740), *Saint-Omer** (1751), *Boulogne*, *Hesdin*, *Desvres* qui, remontant sans le savoir aux premières origines de l'art de la terre (poteries de l'ancienne Troie, anciennes poteries gauloises) imite, dans ses modèles, la figure humaine et fait des pots et des cruches en forme de personnes assises. La fabrique de *Sinceny* eut des visées plus artistiques. Fondée par J.-B. Fayard, gouverneur de Chauny et seigneur de Sinceny dans son propre château (1733), elle fut d'abord dirigée par un faïencier de Rouen qui imita si bien les produits de son lieu d'origine que les « Sinceny » de la première période sont confondus avec les œuvres des artistes rouennais. A partir de 1775, la direction change. Chambon et Fouquet font venir des décorateurs de Strasbourg, de Nevers, de la Suisse. C'est l'imitation de Strasbourg qui domine.

LYON.

La grande ville industrielle de Lyon, située entre Strasbourg, Moustiers et Nevers, et en relation suivie avec l'Italie, relations très actives justement, à l'époque de la

---

* Soupière en forme de chou, datée 1759, provenant de la fabrique Lévêque du Haut-Pont (Musée de Saint-Omer).

renaissance, ne devait pas être indifférente à la céramique. Sa fabrication n'a pas une grande originalité. Cependant elle mérite plus d'estime qu'elle ne paraît en avoir obtenu auprès des collectionneurs. Lyon eut un bon nombre de potiers au xvie siècle (plat imité d'Urbino, au Louvre) et au xviie siècle (œuvres de Gaspard Clérissy (1621), de Christophe Gambon (1657), etc.)*. Mais il ne marque véritablement sa place dans l'histoire de la céramique qu'avec la manufacture royale de faïence fondée en 1733 par Joseph Combe et Jacques Ravier, au faubourg de la Guillotière. Cette fabrique fut transportée ensuite sur le Boulevard de Saint-Clair 1736-1756, en même temps que le privilège de manufacture royale était transféré à Françoise Blatteran, femme de Louis Lemalle. La municipalité s'intéressait particulièrement à cette industrie, comme le prouvent les subsides accordés à plusieurs reprises à la veuve Lemalle. On voit au Musée de Lyon un magnifique plat à sujet mythologique (*Apollon et Daphné*) sortant de cet atelier (n° 299).

RÉGION DU SUD-EST. — AVIGNON. — APT. — MOUSTIERS. MARSEILLE ET MONTPELLIER.

Avignon se distingue plus par le modelage que par la décoration qui cependant n'est pas sans valeur. On estime ses pièces à reliefs et ajourées. *Apt* (1742?) et *Castelet* (1758), dont on peut confondre les produits, approchent d'Avignon, sans l'égaler. A Apt, une première fabrique fondée par Moulin, fut bientôt suivie de celle de Bonnet

---

* Voy. ci-dessus, p. 142.

(1785), qui s'est perpétuée jusqu'à nos jours. Dans la même région de Vaucluse, M. de Bruni, baron de la *Tour d'Aigues*, avait fondé avant 1770 dans son magnifique château féodal, ravagé par un incendie en 1780, une faïencerie artistique, dont on voit quatre pièces remarquables au musée de Narbonne. La Tour d'Aigues montre son originalité surtout dans les pièces imitant la rocaille; mais elle se rattache en général à Avignon et à Marseille.

En Provence, *Moustiers* est dans tout l'éclat de sa fabrication et nous n'avons pas à y revenir (voy. p. 109-10). *Varages* non loin de là (1730); *Aubagne* (seize ateliers en 1788) *Goult* (Vaucluse, vers 1740) se contentent à peu près de l'imiter, mais avec beaucoup de talent*.

Après Moustiers, *Marseille* est la première. Le Louvre possède un plat de Marseille, daté de 1681, où est représentée en camaïeu l'*Adoration des Mages*. Vers cette époque existait à *Saint-Jean-du-Désert*, près Marseille, une faïencerie où travaillait un Clérissy qui signait en 1697 un plat où est représenté une *Scène de chasse*, d'après Tempesta. On voit par là combien ces Clérissy que nous avons déjà trouvés à Moustiers, à Lyon et à Paris ont joué un rôle important dans notre art industriel. Marseille ne prit une grande extension que plus tard, avec les manufactures de J. Robert, de la veuve Perrin, et surtout celle de Savy qui recevait en 1777 le titre de manufacture de Monsieur, frère du roi. Ce frère du roi était le comte de Provence, depuis Louis XVIII. Marseille fut presque, par son excellente fabrication et la diffusion de ses produits,

---

* Le musée de Narbonne possède 60 pièces de Varages, entre autres une assiette portant : « Loge de la triple harmonie de l'Orient de Béziers ». Apt y est également bien représentée.

la rivale de Strasbourg dont elle imitait les procédés et les modèles, tout en cherchant aussi à se rapprocher de la finesse de la décoration saxonne. Il est bon de remarquer, comme le fait M. Davillier, que la fabrique de Marseille, plus souvent que ses illustres rivales de Rouen, de Nevers et de Moustiers, sut s'affranchir, même dans sa fabrication courante, de la servitude du *poncis*; ses peintures faites directement à la main sont ordinairement dues à des artistes provençaux.

La collection Arnavon (vendue à Marseille en 1902 *) contenait près de deux cents objets de céramique marseillaise donnant une haute idée de cette fabrication, qu'il s'agisse de services de table ou de pièces d'apparat. On en voit aussi de fort remarquables au Musée de Cluny et surtout au Musée du Prado à Marseille**. On y admire notamment la délicatesse avec laquelle sont modelées et colorées des fleurs en reliefs (roses, pensées, etc.), qui agrémentent sans surcharge les soupières et les légumiers. Toute une classe des faïences de Marseille est caractérisée par un fond jaune éclatant. C'est ce genre qui domine dans la fabrique de *Montpellier*, fondée en 1770, par un Marseillais, André Philipp. Marseille s'est amusée aussi à faire du trompe-l'œil : des assiettes où sont dressés de magnifiques choux pommés, où s'étalent des noix ouvertes et des marrons grillés, où s'allongent des paquets d'asperges probablement moulés sur nature. Elle a fabriqué aussi des récipients en forme d'oiseaux de basse-cour, d'un modèle exact et d'un émail brillant.

* Voir le catalogue dressé par M. Dalbon.
** Le musée de Narbonne contient aussi une collection importante de faïences de Marseille.

FAÏENCES DE BORDEAUX ET DU SUD-OUEST. — SAMADET.
MARANS. — SAINTE-FOY. — ARDUS. — MARTRES, ETC.

Les poteries de ce genre ont été la spécialité de *Bordeaux* où Jacques Hustin avait fondé dès 1714 une manufacture et qui comptait huit fabriques à la fin du siècle*. Cette fabrication, malgré son activité, ne valut pas celle de *Marans* (fondée vers 1745, puis transportée à *La Rochelle*, 1756), ni surtout celle de *Samadet* dans les Landes fondée en 1752 par l'abbé Rocquépine et qui imite, avec une certaine naïveté campagnarde, mais en général d'une façon heureuse, Marseille (et par conséquent Strasbourg) aussi bien que Moustiers**. C'est Moustiers qu'on imite surtout dans le Tarn-et-Garonne, à *Auvillar* (1755), *Ardus* (1737), *Montauban* (1770) ainsi qu'à *Angoulême* (1750), à *Martres****. Les environs d'*Auch* ont aussi, à partir de 1758, des faïenceries assez florissantes, à Saintes (au faubourg des Roches, 1731), à Bergerac (1742), à Libourne (vers 1760), à Bazas. Il n'y avait pas moins de trente faïenceries dans le Sud-Ouest sous Louis XVI.

* Les pièces signées *Sainte-Foy* soulèvent un problème. Jacquemart les attribue à Sainte-Foy en Normandie. Mais il s'agit plutôt, comme le veut M. Fil, de Sainte-Foy-la-Grande près Saint-Émilion. A Narbonne on voit des barillets *de forme bordelaise* ayant évidemment la même provenance et dont l'un porte ces mots : *Fait par moi, Laroze fils, à Sainte-Foy*. La collection Labadie contient environ 500 faïences bordelaises.

** On y fabriquait les « cruches de baptême » en usage dans les Pyrénées. Cette faïencerie disparut vers 1825.

*** Corbeille ajourée avec anses tressées au musée de Narbonne. On connaît une bouteille ornée de fleurs avec cette mention : *Marie-Thérèse Le Conte, fait à Martres le 18 septembre 1775*. Les faïenceries de Martres remontent au moins à 1653.

FABRIQUES DU CENTRE. — NEVERS. — FABRIQUES DU FOREZ, DE LA BOURGOGNE. — CLERMONT-FERRAND. — ORLÉANS. — LA TOURAINE. — CHAUMONT-SUR-LOIRE. — LES MÉDAILLONS DE NINI.

Nevers est dans tout l'éclat de sa prospérité.

En 1743, la ville possède douze manufactures et le Conseil royal du commerce refuse d'accorder aucune autorisation nouvelle jusqu'à ce que ce nombre soit réduit à huit. Les fabriques créées en Bourgogne, à *Ancy-le-Franc* (1775), à *Auxerre* (1775), à *Dijon* se bornent à peu près à l'imiter. On l'imite aussi à *Moulins* et, comme nous l'avons vu, à *la Manufacture royale de terre purifiée*, fondée à *Orléans*, en 1755, tandis qu'à *Clermont-Ferrand*, qui commence sa fabrication vers 1770, on imite Moustiers.

Dans le Forez, ou les régions voisines, on cite *Saint-Bonnet-les-Oules*, *Saint-Romain-le-Puy*, *Roanne*. Dans la Touraine, *La Chatrie*, près de Saint-Christophe, réussit fort bien, grâce à la protection de M. de Séneville.

Le château de *Chaumont-sur-Loire* devient en 1750 la propriété d'un homme considérable, M. Leray, intendant de l'hôtel royal des Invalides, etc. Imbu des idées réformatrices du temps, il fait de cette demeure féodale un centre d'industrie et y établit une ganterie, une fabrique de chapeaux, une verrerie, une huilerie, une poterie. C'est là qu'ont été fabriqués les médaillons dits de *Nini*, maintenant si recherchés. Ces médaillons, on le sait aujourd'hui, ont été cuits dans les fours de Chaumont: un ouvrier italien nommé Nini a pu y travailler; mais ils

ont été modelés par Claude Gautherot (1729-1802), intendant de la duchesse de Lauraguais, puis attaché aux
bureaux de la guerre pendant la Révolution. Claude
Gautherot aurait pris le nom de Nini. Les médaillons
représentant Louis XV, Louis XVI, Marie-Antoinette,
Gluck, Sacchini, Bailly, Voltaire, Rousseau, Turgot,
Franklin, l'impératrice Marie-Thérèse, l'impératrice Catherine II, etc., sont souvent anonymes, quelques-uns sont
signés Nini, deux sont signés Gautherot; mais ils sont
visiblement de la même main. On en voit au Louvre, aux
musées de Blois, de Sèvres, de Bagnères-de-Bigorre*.

Saint-Porchaire fabrique encore, mais ses produits ne
rappellent guère les « faïences Henri II »**.

NORMANDIE. ROUEN. — BRETAGNE. QUIMPER. RENNES.

La fabrication normande brille surtout par *Rouen* qui
est alors à la tête de la faïencerie européenne et qui naturellement exerce surtout son influence autour d'elle
(voy. p. 84-96).

C'est un potier rouennais, Pierre Caussy qui, à partir
de 1743, donne à la Manufacture de *Quimper*, fondée en
1690, par J. Bousquet, dans le faubourg de Loc-Maria,

---

* Sur la question obscure de Gautherot et de Nini, voir les opi-
nions contraires soutenues dans les deux opuscules suivants :
J. B. Nini, par A. Villers. Blois, 1862, in-8° et *Claude Gautherot, dit
J. B. Nini, Notes et souvenirs*, par ses arrière-petits-enfants.
A. E. Vigneron et Marie Vigneron. Paris, 1884. Claude Gautherot
est le père du peintre Pierre Gautherot. De nos jours Balon de
Blois a reproduit avec beaucoup de talent les médaillons de Nini.

** Voy. Germain Martin. *La Grande Industrie sous Louis XV*,
page 140.

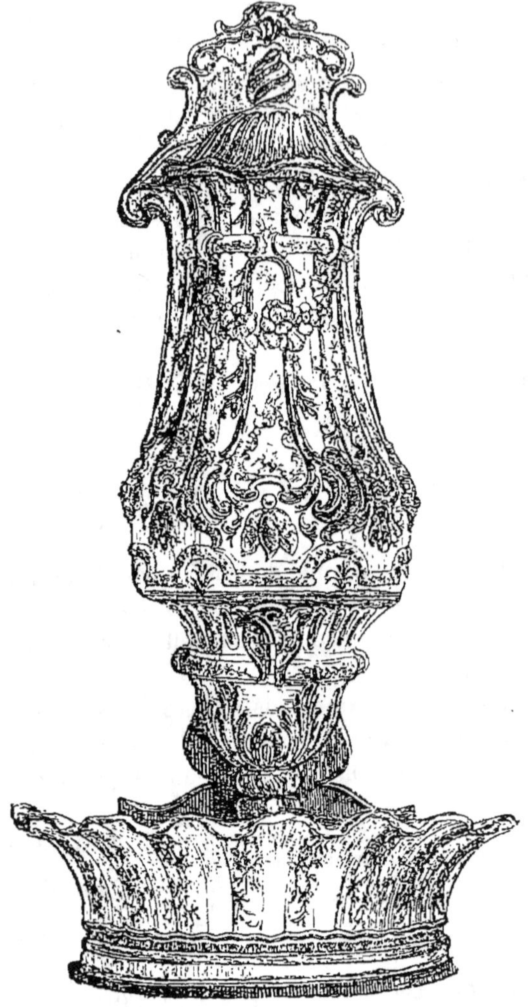

Fig. 221. — Fontaine et son bassin (décoration polychrome).

FIG. 222 et 223. — Décor du bassin de la fontaine (FIG. 221).
Soupière moulée d'après un modèle en orfèvrerie.

FIG. 224 et 225. — Assiette et plateau. Céramique parlante.

FIG. 226 et 227. — Soupières, formes moulées sur des pièces
d'orfèvrerie.

Fig. 228 et 229. — Soupière (et son couvercle).
Faïence blanche; forme moulée sur une pièce d'orfèvrerie.
(Fabrique de Pont-aux-Choux.)

Fig. 230. — Poêle en faïence blanche, rehaussée d'or.

FIG. 231 à 236. — Formes de poêles en faïence blanche.
(Modèles exécutés d'après Cuvillier et J.-C. Delafosse.)

une réputation que, plus heureuse que des établissements
plus célèbres, elle a non seulement conservée mais augmentée jusqu'à nos jours avec les la Hubaudière, puis Fou-
geray. Après s'être inspirée, comme on devait s'y attendre,
de Rouen, elle s'est en partie émancipée et s'est attachée
de plus en plus à reproduire des types et des scènes de la
vie bretonne où la figure humaine est dessinée d'un trait
net et précis, mais traitée avec la légèreté et les simplifi-
cations qui conviennent au genre. *Rennes* (1748) occupe
le premier rang en Bretagne après Quimper. Un grand
plat en camaïeu du Musée de Cluny à tulipes et marguerites, librement jetées et exécutées avec aisance donne
déjà une idée avantageuse et juste de son mérite. Cependant, elle fait de préférence des poteries à relief : ce en
quoi elle diffère de Quimper et se distingue dans les
pièces de grandes dimensions, telles que les fontaines.

Paris.

Paris, qui va prendre une grande place dans l'industrie
de la porcelaine, se contente pour la faïence d'occuper un
rang honorable, mais assez modeste, comme au xviie siècle,
malgré le sieur Migeon qui dirigeait vers 1760 la « Manufacture royale de terres d'Angleterre », vis-à-vis la porte
du Pont-aux-Choux* ; malgré Hyrme qui, originaire de
l'Allemagne, s'adonne avec succès à la fabrication des
poêles artistiques (1750) et a pour rivaux Cuvillier (1750)
et Delafosse qui ont laissé de charmants modèles de
poêles en faïence blanche rehaussée d'or ; malgré même
« le citoyen » Ollivier qui exécutait et offrait à la Con-

---

* Antérieurement, cette fabrique avait reproduit en faïence le rhi-
nocéros qui avait fait courir tout Paris à la foire Saint-Germain (1749).

FIG. 237. — Saladier avec attributs de profession
inscrits sur le marly.

Fig. 238 à 241. — Gourde, vases de pharmacie et pot-pourri.

vention nationale en 1795 le grand poêle représentant la Bastille qu'on voit au Musée de Sèvres*.

RÉGION PARISIENNE. — SAINT-CLOUD. VINCENNES. SCEAUX. BOURG-LA-REINE.

Aux environs de Paris au contraire l'industrie de la faïence est tout à fait remarquable. Nous nous contenterons de mentionner les faïenceries de *Melun*, *Montargis*, *Mantes*, *Meudon*, celle du sieur Lambert à *Sèvres*, qui eurent peu d'importance. Mais d'autres méritent qu'on s'y arrête. La fabrique de *Saint-Cloud*, fondée par Chicanneau vers 1690, recherche la finesse de la pâte aussi bien que celle de la décoration. La fabrique qu'établit Hannong fils en 1767, dans le château de *Vincennes*, a laissé des pièces estimées, mais ne dura que trois ans. Les produits de la faïencerie de *Sceaux*, fondée en 1751, par Jacques Chapelle, eurent la prétention justifiée de pouvoir lutter avec la porcelaine tendre qui donnait alors ses chefs-d'œuvre. M. Havard dit avec raison : « Leur pâte fine, plastique,

---

* Ollivier fut le premier à profiter des Brevets d'invention que venait de créer la Constituante. Il est en effet en tête de l'*État général des brevets d'invention, importation, perfectionnement, délivrés en vertu des lois du 7 janvier et 27 mai 1791* (Ministère de l'Intérieur, 2° division, bureau des Arts et Manufactures). Le brevet d'Ollivier porte la date du 27 juillet 1791 et lui est accordé sous les désignations suivantes : « Fabrication de terre noire anglaise (terre bambou), camées en porcelaine, poêles imitant la porcelaine, terre blanche, terre imitant le bronze antique, carreaux à lambrisser, terre imitant le marbre ». Voilà, on le voit, une grande variété de fabrication qui donne une indication sur les goûts du public et sur ce qu'il demandait à la céramique. Au milieu du siècle, un des magasins de faïence les plus achalandés de Paris se trouvait « sur le quai de la porte Saint-Bernard, au-dessus des Miramiones ». (Voy. le *Journal* de Barbier, du 30 octobre 1759.)

se prêtant aux moulures et aux reliefs délicats est couverte d'un émail blanc et uni sur lequel l'or et les couleurs affectent une douceur singulière. Son décor composé de groupes d'amours, de fins paysages, de guirlandes, de bouquets, d'emblèmes est d'une grande élégance. » Cependant, malgré tout cela, malgré la protection du duc de Penthièvre, la fabrique durait à peine vingt-cinq ans. Vers le temps où elle disparaissait, se fondait la fabrique de *Bourg-la-Reine* (1773) qui imita celle de Sceaux, mais ne l'égala point.

IMITATION DES FAÏENCES ANGLAISES. MONTEREAU. L'IMPRESSION SUR FAÏENCE.

Dans cette seconde partie du XVIIIᵉ siècle, où se répandait dans la bourgeoisie aussi bien que dans la noblesse le goût de tout ce qui se faisait en Angleterre, lorsqu'on imitait sa littérature, ses jardins, ses habitudes sportives, ses modes, son agriculture et sa philosophie, en attendant que l'on pût imiter ses institutions politiques, les faïences anglaises ne pouvaient manquer d'être recherchées en France et l'on a vu (p. 150) nos faïenciers s'efforcer de rivaliser avec les produits d'outre-Manche, que John Wedgwood à Burslem portait alors à leur perfection (1759). Sûrs du succès, des Anglais vinrent fonder chez nous (1775) la fabrique de *Montereau* qui obtint des privilèges et des subsides. Réunie à celle de *Creil*, elle est encore prospère aujourd'hui*. C'est de l'Angleterre que nous vint vers cette date le procédé de l'impression céramique,

---

* Montereau n'avait pas que cette seule faïencerie. M. G. Martin (*op. cit.*) signale celle de Les Mazois.

FIG. 242 à 245. — Pot à l'eau et cuvette. — Écuelle et plateau.
Décors polychromes.
(Moulage sur des pièces d'orfèvrerie, style de J.-A. Meissonnier.)

Fig. 246 et 247. — Poêle et motif de décoration commune.

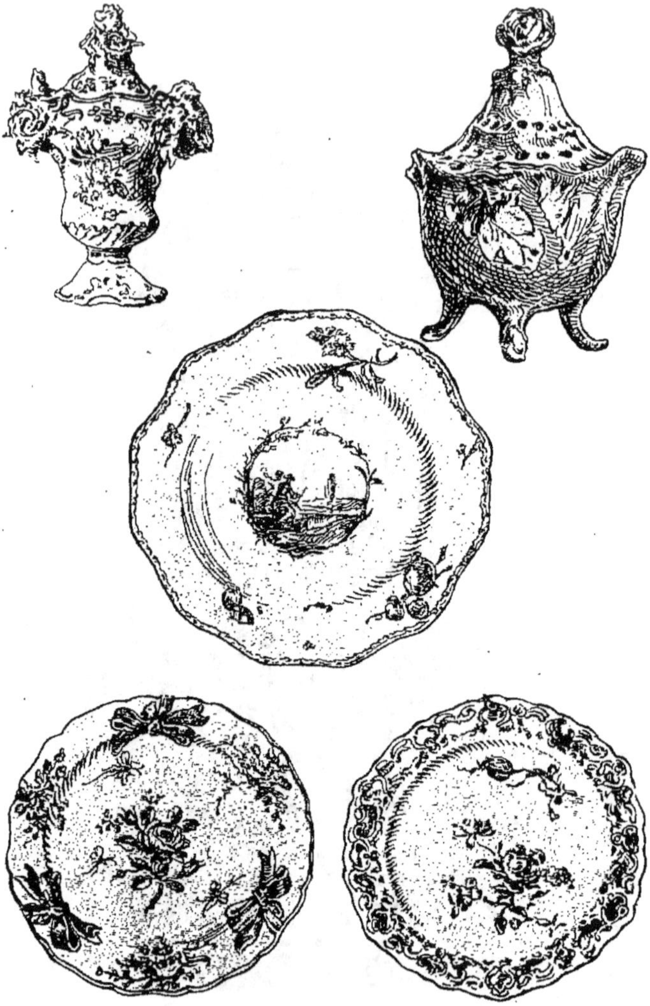

Fig. 248 à 252. — Petit vase pot-pourri sur piédouche.
Jardinière. — Assiettes à bords contournés.

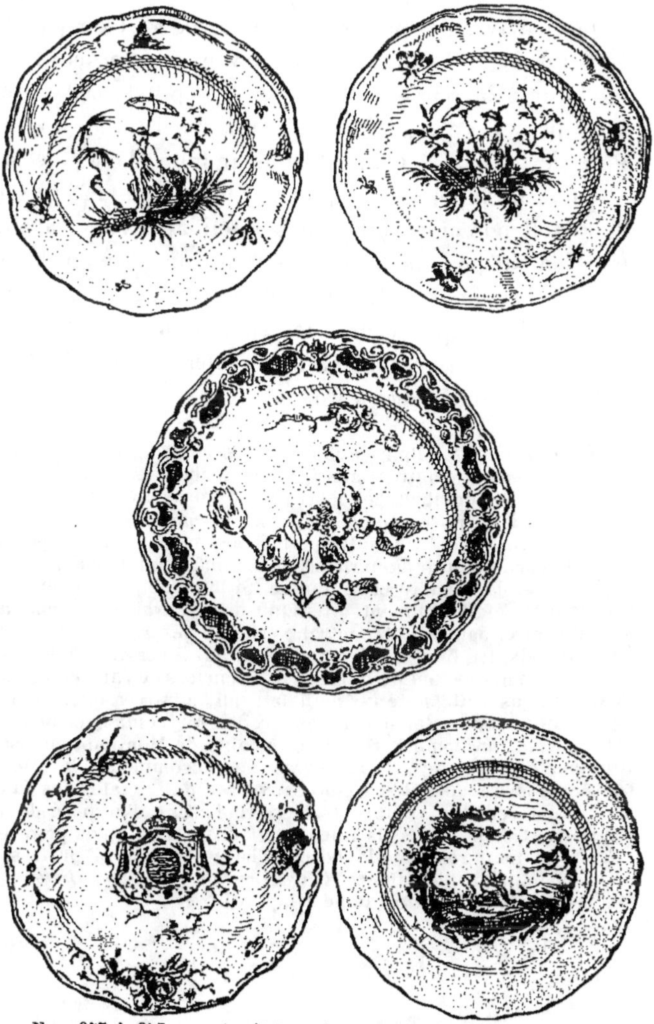

FIG. 253 à 257. — Assiettes à contour découpé et lobé ;
celle du bas, à droite, n'a pas de décor sur le marly.

c'est-à-dire du report sur l'objet à décorer d'une épreuve imprimée avec des matières capables de s'y fixer par l'action du feu*. Le procédé ne devait pas tarder à être appliqué à la porcelaine. Mais, en dépit de cet engouement pour les produits d'outre-Manche, l'auteur du *Spectacle de la nature* (Copenhague, in-folio, 1758), déclare, quoique étranger, que « quelques efforts que l'Angleterre et la Hollande aient fait pour perfectionner leur travail, il n'a rien vu pour la beauté des couleurs et pour le bon goût du dessein (*sic*) dans les petits ouvrages comme dans les grands qui pût l'emporter sur ce qui se fait dans la manufacture dirigée par Mme de Vilerai à l'extrémité du faubourg Saint-Sévère à Rouen ».

* Ce procédé de vulgarisation eut des conséquences, les unes heureuses, mais d'autres aussi assez fâcheuses pour l'art. En abaissant considérablement les frais de fabrication, il permettait de mettre à la portée du plus grand nombre des objets usuels agréablement décorés. D'autre part, il restreignait la part personnelle de l'artiste et de l'ouvrier dans la confection de chaque pièce et favorisait la banalité et la routine. Si le modèle ainsi reproduit indéfiniment était vraiment artistique, il n'y avait que demi-mal. Mais que dire, dans le cas contraire ? (Comp. p. 205 à la n. et p. 207). Deux anglais, les frères Leigh fondèrent aussi vers 1784 une faïencerie à Douai. — Avant de quitter les faïenciers de l'ancien régime, glissons dans cette note un petit fait qui montre à quel point la corporation était jalouse de ses droits. Au commencement du xviiie siècle, un nommé Delile, originaire de Montjoie, en basse Normandie, ayant inventé le moyen de raccommoder la faïence cassée en en recousant les morceaux avec des agrafes, les faïenciers s'émurent. Ils voulurent interdire l'usage d'un procédé qui restreignait leur vente. Ils intentèrent un procès qu'ils perdirent et qui eut pour résultat de faire déclarer légitime la profession de raccommodeur de faïence. (Voy. Legrand d'Aussy, *Histoire de la Vie privée des Francais*, tome III, p. 205.)

Fig. 258. — Magot. — Porcelaine de Chantilly.

Fig. 259 à 266. — Premières porcelaines françaises.
Paris, Rouen, Saint-Cloud, Chantilly, Vincennes.

CHAPITRE III

PORCELAINES TENDRES

Le succès des faïences anglaises tenait non seulement
à leur origine, mais à ce que, par leur finesse et leur blancheur elles se rapprochaient de la porcelaine, de ce
mystérieux produit de l'Extrême-Orient que les céramistes
habiles s'efforçaient de reconstituer. Mais ces « pource-
laines de Ginant », citées déjà parmi les objets les plus
précieux des inventaires princiers dès la fin du moyen
âge*, ont tant de prix et paraissent être quelque chose

---

* Inventaire de Jeanne d'Évreux, reine de Navarre (1372). Inventaire du roi René un siècle plus tard.

de si rare, que l'on croit le problème plus difficile qu'il ne l'est en réalité. Sans doute les missionnaires chrétiens, en grande partie français, qui furent en faveur auprès de l'empereur de la Chine au xvii° siècle, envoyèrent en France des échantillons de la précieuse terre qu'employaient les potiers Chinois. Mais, ou ces échantillons étaient de mauvaise qualité, ou on ne sut pas les traiter d'une façon convenable; car on multiplie les essais d'alliages et de combinaisons compliquées, sans songer au kaolin qui se trouve aussi bien en Europe que sur les bords du Fleuve Bleu. La porcelaine semble plutôt affaire d'alchimistes ou de « souffleurs » que d'artisans. On apprend enfin que le secret a été découvert en Saxe; mais il l'a été justement par un alchimiste qui cherchait la pierre philosophale. Tout reste encore mystérieux. Une fabrique unique est créée à Meissen (1710) dans une forteresse où les ouvriers sont pour ainsi dire internés. Le secret de la porcelaine est un secret d'état. La peine de mort est prononcée contre tous ceux qui révèleront les procédés de fabrication ou même feront connaître la matière employée.

La curiosité est de plus en plus excitée. Les essais redoublent, mais toujours avec la même complication.

Ne nous plaignons pas de cette erreur de méthode; elle nous a valu « la porcelaine tendre » qui mérite bien d'être appelée la porcelaine française. La « porcelaine tendre », qui n'était dans l'esprit de ceux qui l'avaient trouvée qu'un acheminement vers la porcelaine proprement dite, a amené la création d'une matière se prêtant à une industrie exquise, qui a sa valeur propre, à côté et, à certains égards, au-dessus de l'invention chinoise.

Sans prétendre déterminer la limite précise entre la

faïence et la porcelaine, disons (car il faut bien prendre parti dans une question rendue confuse justement par le nombre des discussions et des travaux qu'elle a suscités), disons que la « porcelaine tendre » n'est pas de la porcelaine, ce qui d'ailleurs n'implique en rien son infériorité.

LA PORCELAINE TENDRE ET LA PORCELAINE DURE.

Qu'est-ce qui caractérise la porcelaine? Les Chinois devaient le savoir et ils l'ont dit. Les potiers de la province de Taï* ne se crurent arrivés au but que lorsqu'ils eurent créé des pièces à la fois « minces, solides et gracieuses, translucides**, dont la pâte était de couleur blanche et *qui rendaient un son clair* ». Ajoutons que dans la porcelaine la pâte est complètement vitrifiée. Pour la constitution intime, la porcelaine est une composition de kaolin, de feldspath et de quartz ou sable siliceux, où le kaolin domine ***.

* Dans la province du Tse-Tchouen.

** Depuis on a cherché en Europe, à Sèvres notamment, à faire de la porcelaine à la fois mince et opaque, de même que les horticulteurs se sont efforcés de créer des roses vertes ou bleues.

*** Il n'est peut-être pas inutile de rappeler comment se forme le kaolin. L'argile est du silicate d'alumine hydraté, mélangé de diverses impuretés. Le kaolin est une sorte d'argile provenant de la décomposition du granite qui est un composé de mica, de quartz et surtout de feldspath. Or, les feldspaths ne sont autre chose que des silicates d'alumine et d'alcali (potasse ou soude). Lorsque l'alcali passe à l'état de carbonate, il se dissout dans l'eau et il ne reste plus que du silicate d'alumine. Ce silicate est en général fortement mélangé dans toute la masse des autres éléments du granite, grains de quartz, paillettes de mica, etc., dont on peut difficilement le dégager. Mais dans certaines régions où il y a une variété de granite à très gros grains et à feldspath prédominant, le résultat de la décomposition est une argile très pure qu'il est facile de recueillir, c'est le kaolin. En France, à Saint-Yrieix-la-Perche, à 40 kilomètres de Limoges, les kaolins sont géné-

La porcelaine tendre est loin de réunir ces caractères. Quelque variable que soit sa composition, le kaolin y est étranger. Elle comprend : 1° de la marne calcaire et de la craie ; 2° une pâte composée d'éléments à base de sels de soude et de silice que l'on fait *fritter* de manière à former un composé vitrifié, mais en partie seulement, qu'on appelle justement la *fritte*. L'on broye la fritte avec la marne et la craie, et l'on donne au mélange la ténacité et la plasticité nécessaire avec du savon noir et de la colle de parchemin. La porcelaine tendre doit son nom moins à la dureté plus ou moins grande de la pâte que : 1° à sa faible résistance à haute température comparativement à la vraie porcelaine : elle fond avant que celle-ci soit cuite ; 2° à la faiblesse relative de son vernis qui est rayé par l'acier.

Rouen. — Saint-Cloud, Chantilly et leurs dérivées.

Les premiers essais pour découvrir la porcelaine remontent bien plus haut que le xviiie siècle. Nous n'avons pas à nous occuper de ce qui fut fait en Italie*. Mais Claude Révérend, en 1664, sollicitait à *Paris* un privilège

ralement blancs, plus blancs même qu'en Chine et au Japon. En Saxe, ils ont une légère teinte de jaune et d'incarnat qui disparaît à la cuisson. Kaolin est un mot emprunté directement au chinois (*kao*, haut, *ling*, colline). V. l'article *Argile* du *Dictionnaire des sciences naturelles*, de A. Brongniart, le *Traité de minéralogie*, de Haüy, etc.

* Venise semble avoir donné le signal dès 1470. Et l'on peut remarquer que Venise est la patrie du célèbre voyageur Marco Polo, qui y passa la fin de sa vie, après un séjour de dix-sept ans en Chine. Puis nous trouvons à Florence la « porcelaine des Médicis », etc. Voyez Davillier, *Origine de la porcelaine en Europe*.

pour un « secret curieux et admirable de contrefaire la porcelaine qui vient des Indes orientales » et, environ dix ans plus tard, Louis Poterat réalisait à *Rouen* une « porcelaine artificielle » excellente, mais dont la renommée se confondit avec celle de ses faïences. La renommée de la fabrique fondée à la fin du siècle à *Saint-Cloud*, par Chicanneau ou Chicoineau, fut due spécialement à la porcelaine tendre. Elle produisit dès 1695 des œuvres telles que Voltaire, quoiqu'il connut fort bien ce qui se faisait en Saxe (il a même parlé de Bœtticher dans son histoire de Charles XII), pouvait écrire dans le *Siècle de Louis XIV* : « On a commencé à faire de la porcelaine à Saint-Cloud, avant qu'on en fît dans le reste de l'Europe[*]. » La fabrique de Saint-Cloud fut protégée par le duc d'Orléans et eut toute sa vogue lorsque le duc d'Orléans devint régent de France. Après sa mort, elle dut lutter contre la manufacture de *Chantilly* créée en 1725 par un contremaître de Chicoineau, Ciquaire-Cirou, protégé de M. le Duc[**]. On distingue à Chantilly deux périodes. Dans la première, la pâte est recouverte d'un émail stannifère opaque ; dans la seconde « d'une couverte vitreuse analogue à celle de Sèvres »[***]. La fabrication de *Mennecy* fondée par le duc de Villeroy dans le parc de son château (1754) rappelle Chantilly. Elle a produit, entre autres, de charmantes statuettes

---

[*] Peut-être Chicoineau le père avait-il, plus que les autres, approché du but. Mais il semble que son secret ait en partie disparu avec lui et que ses fils, quoi qu'ils aient dit, n'en eussent conservé qu'une connaissance incomplète. Vers le même temps, il y avait à *Orléans* un verrier nommé Perrot qui aurait si bien imité la porcelaine de l'Extrême-Orient qu'il aurait trompé les ambassadeurs siamois alors en France et qui visitèrent sa fabrique (1686).

[**] Ce titre désignait au XVIIIe siècle le chef de la maison de Condé. C'était alors Louis-Henri (1692-1749), qui fut premier ministre de 1723 à 1726. Ce prince s'occupait beaucoup de chimie.

[***] Voir la collection du château de Chantilly.

peintes en couleurs variées*. La manufacture de Villeroy ne dura que jusqu'en 1766. Son principal artiste fut J.-B. Barbin. Elle donne, à son tour, naissance à celles de *Sceaux* (1760) et de *Bourg-la-Reine*.

Fabriques diverses.

On fabrique aussi des pâtes tendres à *Lille* avec Dorez et Pellissier, puis à *Arras* (1772-1789) avec Delemer ou Delmeur que protège Calonne, à *Valenciennes* (1785), à *Moustiers* (1780).

Vincennes. — Invention du biscuit.

Presque partout, c'est Saint-Cloud qu'on imite et c'est à Saint-Cloud qu'on doit rattacher la fabrique de *Vincennes* d'où est sortie la manufacture de Sèvres. En effet, elle fut établie par des ouvriers transfuges de la fabrique de Chantilly laquelle, nous l'avons dit, se rattachait à celle de Saint-Cloud. Ces ouvriers s'étaient adressés, pour trafiquer de leurs secrets à Orry de Fulvi, qui depuis longtemps faisait des recherches sur la porcelaine (1740). Trompé par ses auxiliaires, il aurait dû renoncer à ses projets sans l'intervention de son frère le contrôleur général Orry (1745). La vogue de la nouvelle manufacture devint très grande lorsqu'elle se mit à fabriquer des fleurs qu'on pouvait monter sur des tiges de laiton. Marie-Josèphe de Saxe, devenue Dauphine de France, envoya en 1748 à son père, le roi Auguste III, d'admirables lustres et

---

* Dans le voisinage du château, des bornes en grès marquent les limites de la terre de Villeroy. La « pinte de Villeroy » est une des pièces estimées du Musée de Sèvres. Un buste de Louis XV en porcelaine tendre de Mennecy fut vendu récemment 42 500 francs ! (février 1907).

girandoles ainsi décorés, fière de montrer qu'une manufacture de son pays d'adoption pouvait rivaliser avec Meissen. Ces précieux et fragiles objets furent portés *à pied* sur un brancard de Paris à Dresde.

On fabriqua à Vincennes, comme on le faisait en Hollande, des bouquets ou des branches, des arbustes mêmes, couverts de fleurs peintes au naturel, qu'on disposait dans des vases pleins de terre comme des plantes véritables et que l'on plaçait dans les jardins. Ces fleurs avaient l'avantage d'être plus durables : il suffisait pour les entretenir, de les épousséter et de les laver de temps en temps. Louis Duvaux se distingua particulièrement dans ce genre de fabrication.

Mais il y avait un point sur lequel Vincennes, malgré tous ses efforts, ne pouvait rivaliser avec la Saxe, c'était pour les statuettes dont on n'arrivait pas à reproduire l'émail brillant, les couleurs variées et solides. Cet échec fut l'occasion d'une invention nouvelle. Un homme qui a rendu à l'art français des services trop oubliés, le peintre J.-J. Bachelier, alors attaché aux ateliers de Vincennes, proposa en 1749 de faire des statuettes de couleur mate uniforme en essayant de la sculpture cuite sans couverte*. Le biscuit était trouvé. Ce projet fut rejeté d'abord sans exa-

---

* Le talent réel de J.-J. Bachelier (1724-1806), surtout son dévouement à la diffusion et à la vulgarisation de l'art (il fut un véritable apôtre), aurait dû le protéger davantage contre l'oubli. Ce peintre d'histoire, qui fut adjoint au recteur de l'Académie, n'en fut pas moins préoccupé avant tout de rendre l'art populaire. En 1765, il employa presque toute sa fortune, soit 60000 francs, qui représenteraient près de 200000 fr. de nos jours, à fonder une école gratuite de dessin et de mathématiques appliqués pour les artisans, école qu'il continua à diriger jusqu'à sa mort, et qui eut des résultats heureux pour la céramique comme pour les autres industries artistiques. C'est cette école qui a pris, depuis 1877, le nom d'École des Arts décoratifs.

men, comme impraticable et ridicule. Mais en 1750, le
ministre ordonna des essais qui eurent un plein succès.
Malgré la routine et le préjugé, on ne put méconnaître
ce que ce nouveau procédé avait de délicat et de spécialement artistique. Pour faciliter sa popularité, Bachelier
eut l'idée de faire reproduire en sculpture des groupes
tirés des tableaux du peintre, alors le plus en vogue :
Boucher. Les pièces de ce genre allaient contribuer à la
renommée de la manufacture de Sèvres qui succéda
bientôt à celle de Vincennes.

SÈVRES. — SON ORIGINE.

Malgré la faveur dont ses produits jouissaient auprès
des connaisseurs, malgré le talent du chimiste Hellot,
du directeur des travaux de moulage et de laminage,
l'orfèvre Duplessis, du peintre J.-J. Bachelier, la fabrique
de Vincennes, à la mort d'Orry et de son frère Orry de Fulvi,
allait disparaître (1751), lorsque Mme de Pompadour réso-
lut de la sauver. Elle y intéressa le roi et, au mois d'août
1755, était signé l'arrêt par lequel la manufacture recevait
le titre de Manufacture royale de Porcelaine et était établie à Sèvres. Cette fabrication devant rester un secret, on
entoura les bâtiments d'un fossé comme on l'aurait fait
pour une forteresse ou une prison d'État. Ses produits
prenaient le nom de *Porcelaine de France*. Mais pour ne
pas scinder l'histoire de la manufacture de Sèvres, nous
allons, d'abord dire quelques mots de l'introduction en
France de la porcelaine dure qui devait bientôt être fabriquée à Sèvres, conjointement à la porcelaine tendre,
qu'elle tendit à remplacer.

FIG. 267. — Formes et décors de la porcelaine de Sèvres

CHAPITRE IV

PORCELAINE DURE

LE SECRET DE LA PORCELAINE EN FRANCE.
PREMIÈRES RÉVÉLATIONS.

Pendant que nos céramistes s'efforcent d'imiter, par des tâtonnements divers, les produits de la Chine, nos chimistes cherchent directement de leur côté sur notre sol la fameuse terre qui semblait le monopole exclusif du Céleste Empire, jusqu'au jour où on l'avait retrouvée aux environs de Dresde. Pourquoi la France ne posséderait-elle pas aussi des gisements analogues à ceux de la Saxe? En 1701, venait pour la quatrième fois à Paris un gentil-homme saxon, mathématicien et chimiste éminent, associé de notre Académie des sciences, le baron Ehrenfried Walther von Tschirnhausen qui avait sans doute connu les travaux de Bötticher.

Tschirnhausen avait parmi ses confrères dans notre Académie un saxon d'origine, naturalisé français, Homberg, auquel, si l'on en croit Fontenelle, il aurait, en échange de quelques autres secrets de chimie, fait part « du secret de faire de la porcelaine toute pareille à celle de Chine, et qui par conséquent épargnerait beaucoup d'argent à l'Europe ». Mais Tschirnhausen avait exigé de lui la promesse « que, de son vivant, il n'en ferait point usage ». Tschirnhausen mourut en 1708 ; Homberg le suivit de près, en 1715, et il ne paraît pas qu'il ait été fait aucune application pratique de cette révélation dont on ne connaît d'ailleurs pas bien la portée.

Ce qui est certain c'est que Hannong, à Strasbourg, lorsqu'il se fut associé avec Wackenfeld (v. ci-dessus, p. 118) fit vers 1720 quelques pièces de porcelaine dure avec du kaolin venu subrepticement d'Allemagne. Plus tard les Hannong offrirent à deux reprises de vendre leur secret à Sèvres.

Découverte du kaolin en France. — Macquer.

Mais l'industrie de la porcelaine dure ne pouvait vraiment se constituer en France que lorsqu'on aurait, en France même, la matière première dont on pourrait librement disposer. Guettard, poursuivant les mêmes travaux que l'illustre Réaumur, qui avait présenté en 1727 et 1729 deux mémoires sur la porcelaine à l'Académie des Sciences, découvrit enfin du ka-o-lin aux environs d'Alençon (mémoire lu à l'Académie vers 1765). Il fut vivement attaqué par un membre de la savante société, le duc de Lauraguais, qui était sans doute mécontent d'avoir ainsi été devancé dans la découverte qu'il poursuivait lui-même avec le chimiste Darcet. La porcelaine obtenue par Guettard, il faut le reconnaître, était loin d'être parfaite : elle était bise et non blanche. Le succès fut complet, au contraire, lorsque Macquer, qui s'occupait depuis 1757 des mêmes recherches, put étudier les gisements qui lui avaient été signalés dans le voisinage de Limoges (1767), par Villaris, pharmacien à Bordeaux. Le mérite de la découverte doit être rapporté d'ailleurs à une simple bourgeoise du Limousin, Mme Darnet, qui avait reconnu ou plutôt deviné la précieuse terre sur le territoire de Saint-Yrieix et dont le mari avait fait connaître la trouvaille à Villaris*.

Macquer fut aussitôt autorisé à faire à Sèvres l'application du kaolin français. En 1769, il présentait à l'Académie des pièces de porcelaine dure qui venaient d'y être fabriquées. En 1774, cette fabrication y était en pleine activité.

PORCELAINE DE STRASBOURG.

Les privilèges qui protégeaient la manufacture royale n'empêchèrent pas la nouvelle invention, favorisée par de grands seigneurs, d'être pratiquée dans plusieurs manufactures privées. Les Hannong, comme nous l'avons vu,

* Mme Darnet vivait encore en 1825, mais était dans la misère. La pauvre vieille vint à pied de Saint-Yrieix à Paris et obtint, par l'entremise de Brongniart, une pension du roi.

avaient pris les devants à Strasbourg et à Haguenau, et
en 1767 commençaient la fabrication régulière de la porcelaine dure. Mais, malgré les subsides du cardinal Constantin de Rohan, oncle du triste héros de l'affaire du collier, les Hannong ne purent lutter contre la situation fis-
cale qui leur était faite. A la mort du cardinal (1779), un
procès avec ses héritiers acheva de ruiner leurs fabriques
d'Alsace.

PORCELAINERIES PARISIENNES.

Cependant un d'entre eux Pierre-Antoine Hannong,
avait fondé vers 1770, dans la *rue Saint-Lazare*, à Paris,
une manufacture qui, protégée par le comte d'Artois et se
trouvant dans d'autres conditions douanières, prospéra
jusqu'à la fin du siècle. Elle imita d'abord les modèles
de Frankenthal, puis, dans une seconde période, travailla
dans le goût français. Le comte de Provence prit sous son
patronage la fabrique de *Clignancourt* (1775) où Pierre
Deruelle, rehaussait ses produits de fort belles dorures,
quoique la dorure eût été formellement réservée à Sèvres*.
Clignancourt eut bientôt à lutter contre les *porcelaines*
dites *à la reine* qui étaient fabriquées rue Thiron (1778).
Le duc d'Orléans avait sa fabrique rue Amelot, au *Pont-
aux-Choux*. La manufacture de la rue de Bondy, fondée
par *Guerhardt* et *Dihl*, qui assurèrent son succès par une
fabrication remarquable à tous égards, survécut à la
révolution et prit sous la Restauration le nom de *fabrique
du duc d'Angoulême*. Parmi les maisons qui avaient du

---

* M. Ch. Sellier a reconnu récemment sur le flanc nord de la butte
Montmartre les bâtiments de la porcelainerie de Clignancourt. C'est
aujourd'hui un hôtel privé (Voy. *Chronique des Arts*, 28 mai 1904).

succès, sans avoir de si hauts patronages, nous signalerons celle de la rue de la Courtille, fondée par *Locré* en 1775, celle de la rue Popincourt, fondée par *Nast* : elle fut transportée ensuite rue des Amandiers ; enfin celle de la rue de Crussol (*porcelaine* dite *du Prince de Galles*), fondée par l'Anglais Potter.

FABRIQUES DE PROVINCE :
LILLE, VALENCIENNES, CAEN, CHOISY, LA SEINIE, ETC.
TURGOT ET LA PORCELAINE EN LIMOUSIN.
FABRIQUE DE LIMOGES.

Comme Strasbourg, plusieurs faïenceries ajoutèrent la porcelaine dure aux produits qu'elles fabriquaient déjà : *Niederwiller* ou Lanfrey, qui n'était jusque-là que directeur, succédait comme propriétaire au général Custine (1795); *Marseille*, où cette fabrication fut inaugurée par Robert. A *Lille*, Leperre-Durot appliquait le premier, ou un des premiers, le chauffage à la houille aux fours céramiques (1785), procédé que vers ce même temps, J.-A. Hannong essayait à *Verneuil**. De *Valenciennes*, fondée par Fauquez, on appréciait surtout les statuettes et biscuits qui sont en effet de premier ordre. *Orléans* se distinguait par la finesse de son décor; *Caen* par ses fonds jaunes semés de bouquets, de guirlandes et de nœuds de ruban. *Choisy-le-Roi* obtenait dès son début (1785) un succès qui s'est maintenu jusqu'à nos jours. Chose singulière, le Limousin, où la matière première se trouvait, donna peu. *La Seinie*, près

---

* Le musée de Lille contient une importante collection de porcelaines et de faïences lilloises. On y remarque une assiette de porcelaine où a été copiée en grisaille la *Suzanne au bain* de Santerre (Louvre).

Saint-Yrieix, fondée en 1774, par le marquis de Beaupoil,
de Saint-Aulaire, le chevalier Dugareau et le comte de la
Seinie, se contentait le plus souvent de fabriquer des porcelaines blanches qui étaient décorées à Paris. Dans le
Limousin ce fut l'illustre Turgot, curieux de tout ce qui
pouvait contribuer à la province dont il était intendant,
qui dirigea les premiers essais de fabrication de la porcelaine. Aucune science d'ailleurs n'était étrangère à ce
grand esprit et il savait autant de chimie qu'on pouvait en
savoir de son temps. Pourtant la fabrique fondée à
Limoges pendant son gouvernement en 1773, n'aurait pas
tardé à succomber sans l'intervention du comte d'Artois.
Acquise en 1784, par le roi Louis XVI et investie du titre
de manufacture royale, elle fut bientôt à peu près abandonnée par suite de la mauvaise administration des frères
Grellet qui avaient cependant obtenu le privilège d'expor-
ter leurs produits sans payer de droits de sortie. D'ailleurs, la manufacture de Sèvres elle-même avait eu des
commencements difficiles.

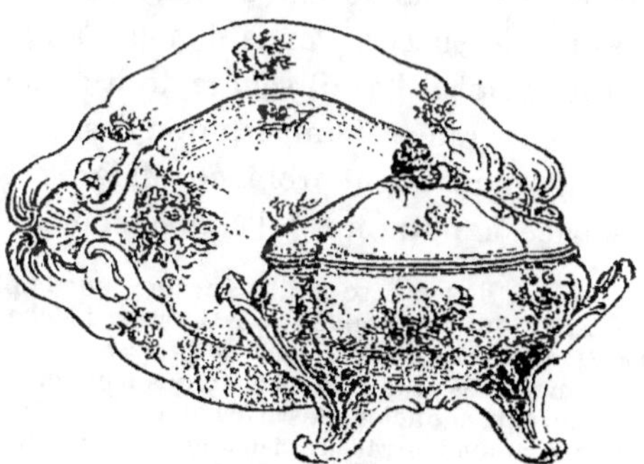

Fig. 268 et 269. — Soupière et son plateau.
Porcelaine de Sèvres.

FIG. 270. — Formes et décors de la porcelaine de Sèvres.

CHAPITRE V

LA MANUFACTURE ROYALE DE PORCELAINES DE SÈVRES*

L'arrêt de 1753. Louis XV et Mme de Pompadour. —
L'arrêt d'août 1753, qui créait la manufacture royale de
Sèvres, ne reculait pas devant des mesures tyranniques
pour en assurer le succès. Pendant douze ans, le conces-
sionnaire Eloi Brichard avait seul le droit de fabriquer de
la porcelaine en France. L'importation des produits simi-
laires était rigoureusement prohibée. Malgré cette législa-
tion protectrice à outrance**, l'établissement ne put se

* Nous avons cru devoir être moins succinct sur la plus célèbre
fabrique de céramique du monde. Voir Georges Le chevallier Che-
vignard, *La Manufacture de Porcelaine de Sèvres.*
** Heureusement ces prohibitions absolues n'étaient que tempo-
raires. Elles furent adoucies dès 1760 par un arrêt du Conseil
d'État. Mais un nouvel arrêt de 1766 ne permettait encore, en
dehors de Sèvres, que la fabrication de porcelaines en blanc ou
peintes en bleu et blanc ou en camaïeu d'une seule couleur. On a
vu cependant (p. 171-174) qu'à partir de 1766, plusieurs porcelaineries avaient été fondées dans diverses parties de la France.

soutenir et le roi dut acheter, en 1759, toutes les actions*. Chaque année on exposait à Versailles les produits de la fabrique. Le roi fixe les prix (ils nous paraîtraient aujourd'hui bien modérés); Mme de Pompadour pousse à la vente et déclare « que ce n'est pas être citoyen que de ne pas acheter ces porcelaines autant qu'on a d'argent ». Elles sont si séduisantes qu'elles ont une espèce de succès à laquelle ni le roi ni Mme de Pompadour n'avaient pensé. Parmi les grands personnages, qui seuls assistent à cette vente, il se passe des actes singuliers. Un comte de X... met une tasse dans sa poche; le roi, qui s'en est aperçu, lui envoie le lendemain la facture avec la soucoupe « qu'il a oubliée ». Une belle dame prend subrepticement un objet; le préposé à la vente lui dit avec une exquise courtoisie : « La pièce que je viens de vous vendre ne vaut que vingt-une livres; il vous revient donc trois livres sur le louis que vous allez me remettre. »

La renommée des produits de Sèvres, qu'il s'agisse de porcelaines tendres ou de ces porcelaines dures dont nous parlerons plus loin, ne tarda pas à dépasser nos frontières et à faire dans toutes les cours une concurrence bientôt victorieuse à la porcelaine de Saxe. En peu de temps, il y eut dans tous les palais des services de Sèvres, et l'on sait que Bonaparte en trouva sous sa main un à briser, lorsque, à Léoben, il voulut manifester sa colère devant le plénipotentiaire Autrichien qui fut quelque peu décontenancé (1797). Rien, en effet, n'est plus apprécié des souverains étrangers qu'un don de porcelaines de Sèvres. Elles interviennent comme une marque exceptionnelle de bienveillance ou de reconnaissance dans les présents diplomati-

* Voyez ci-dessus, p. 168.

ques et flattent bien plus la vanité que les tabatières les plus précieuses*.

* Nous donnerons une liste de ces envois. Aussi bien sera-ce l'occasion de rappeler certaines œuvres renommées. En 1760, l'électeur palatin reçoit du roi un service orné de mosaïques et d'oiseaux. En 1768, c'est le tour du roi de Danemarck auquel sont expédiés un service (fonds lapis caillouté) et trois tableaux sur porcelaine, plus (en 1769), un bon nombre de pièces complémentaires. Des envois analogues sont faits à l'empereur d'Allemagne (1777), à l'archiduc Ferdinand et au duc de Saxe-Teschen (1786), à la princesse des Asturies (1775), au prince Henri de Prusse en 1784 et 1788 (service fond vert avec fleurs et fruits, statuettes de quatorze Français illustres, etc.). Le roi de Suède, Gustave III et son frère Frédéric sont particulièrement favorisés ; les vases, services, tableaux de fleurs peints par Micaud, pièces de sculpture, qui leur sont donnés en 1777 et 1784, sont estimés à près de 100 000 livres. Le comte du Nord (le futur Paul Ier) et la comtesse du Nord, lors de leur voyage en France, ne sont pas moins magnifiquement traités. Outre diverses pièces d'une valeur de 37 626 livres, le roi leur donne une toilette, table et miroir en pâte tendre émaillée à fond bleu, qui ne vaut pas moins 75 000 livres. Les produits de Sèvres voyagent jusqu'aux pays les plus reculés et vont orner les palais de Tippo Sahib (1788), de l'empereur du Maroc (1778, présent relativement médiocre de 6 948 livres). Ces beaux échantillons de la céramique française vont braver même la concurrence de la porcelaine chinoise à son lieu d'origine. Dès 1764, puis en 1772 et en 1779, on vit arriver à la cour de Pékin, de la part du roi très chrétien, vases, pots à eau, groupes d'après Boucher, Oudry et autres artistes, gobelets, tasses, statues de saint Louis, de sainte Clotilde, de saint Antoine, de sainte Claire, de sainte Thérèse. Les ambassadeurs sont parfois l'objet d'une munificence égale (service donné à Stahrenberg, 1766, à d'Aranda, 1787). La République continue à cet égard la tradition de la monarchie. Au moment où le Directoire recherchait l'alliance prussienne et l'alliance espagnole, il donnait à l'ambassadeur d'Espagne deux tableaux sur porcelaine d'après Teniers et à l'ambassadeur de Prusse (11 frimaire, an IV, 2 déc. 1795), « le service Masson » ou « service arabesque » dont les dessins avaient été faits par l'architecte Masson d'après les arabesques de Raphaël, et dont les pièces avaient été peintes par Leguay fils et Sartory (1783-1785). Pendant la période Napoléonienne, nous trouvons des présents faits à Lord Cornwalis, négociateur de la paix d'Amiens (1802) ; au cardinal Caprara légat du pape (septembre 1803) ; au roi de Wurtemberg (30 septembre 1806) ; au duc de Saxe-Weimar ; au czar Alexandre ; au prince Guillaume de Prusse (14 septembre 1808) ; au roi de Saxe (4 décembre 1809) ; à la reine de Bavière (1810). (Dussieux : *Les artistes français à l'étranger* ; Ed. Garnier : extraits des archives de Sèvres etc.). Voy. p. 216 et 221.

Les souverains, d'autre part, n'attendent pas qu'on leur en donne. En 1778, Catherine II commande un service en pâte tendre, fond bleu céleste orné de camées incrustés, comprenant 744 pièces, au prix de 328118 livres *.

Caractère de la manufacture de Sèvres. — On a pu critiquer, à certains égards, les tendances de Sèvres, quoique la variété de ses produits, ses transformations successives, et ses succès persistants montrent qu'elle mérite peu le reproche d'être routinière. Mais, dès lors, la France avait un établissement céramique qui, en dehors de toute préoccupation commerciale, pouvait faire tous les essais et rechercher avant tout la perfection pour la matière comme pour la forme et la décoration.

La porcelaine tendre. — *Les colorations.* — La fabrique de Sèvres était bien la fille de la fabrique de Vincennes. Son administrateur, Éloi Richard, ses directeurs scientifiques ou artistiques, Hellot **, Bachelier, Duplessis furent conservés. Ils se montrèrent dignes de cette confiance. Hellot perfectionna ou créa ces teintes exquises dont quelques-unes n'ont pu être reproduites, quoiqu'il en donne la formule, parce que dans ces formules entrent des matières composées, tels que certains émaux de Venise dont on ne connaît plus les éléments. C'est alors qu'apparaissent le violet pensée, le vert pomme ou vert jaune, le

---

* Une seule assiette de ce service qui a passé dans une vente y a atteint le prix de 5000 francs. Rappelons, comme comparaison, que le service payé par le prince de Rothelin 20 772 livres en 1772, a été vendu. vers le milieu du siècle dernier, 255 000 francs, quoiqu'il eut perdu le tiers de ses pièces.

** Hellot, mort en 1766, fut membre de l'Académie des Sciences de France et de la Société royale de Londres. Le chimiste Macquer (1718-1784), fut aussi appelé à Sèvres peu après la fondation. Il fit, comme Hellot, partie de l'Académie des sciences.

vert pré ou vert anglais, le jaune clair ou jonquille, le bleu
céleste, le rose carné ou Pompadour et surtout le bleu de roi
nommé encore avant les fêtes de Noël (1753), comme nous
l'apprend Hellot, bleu ancien (bleu turquoise d'ancienne
roche au jour, émeraude ou malachite aux lumières) et
dont « Sa Majesté a été si satisfaite ».

Introduction de la porcelaine dure à Sèvres. — L'introduction de la porcelaine dure à Sèvres en 1769 (v. ci-dessus, p. 171), n'arrête pas d'abord la fabrication de la porcelaine tendre ; les deux fabrications furent simultanées. Il
faut distinguer dans les produits de la manufacture les
services, les plaques peintes, les vases et les biscuits.

Biscuits. — *Bachelier, Boucher, Falconnet,* etc. — Pour
les biscuits, on continue d'abord les errements de Vincennes et on imite les peintures de Boucher. Le sculpteur
Fernex montra dans cette transposition de la peinture en
sculpture, un remarquable talent d'adaptation. « Ce genre
eut le plus grand succès, dit J.-J. Bachelier qui l'avait
créé, jusqu'à ce que M. Falconnet, chargé en 1757 de
conduire la sculpture, y porta un genre plus noble et d'un
goût plus général et moins sujet aux évolutions de la
mode ». Lorsque Falconnet fut appelé en Russie par Catherine II (1766), il eut pour successeur Bachelier. Bachelier
céda la place, en 1774, à Boizot, à qui succéda Le Riche
(1785). Les plus grands sculpteurs travaillent pour Sèvres :
Pigalle, Houdon, Pajou, Clodion, sans parler d'artistes
moins célèbres, mais encore fort distingués, Larue, Duru,
Robert, dit le Lorrain. Les sujets deviennent plus variés.
Aux sujets mythologiques, aux bergeries Watteau, s'ajou-
tent des scènes populaires ; aux représentations des grands
personnages ou des célébrités historiques, des bustes de

comédiens, ce qui est une preuve bien caractéristique de la popularité dont jouissait déjà tout ce qui touche au théâtre. Malheureusement, on crut devoir abandonner presque complètement, vers 1777, le biscuit en pâte tendre pour la pâte dure qui n'a jamais la même douceur et la même souplesse.

Les pièces de grandes dimensions, les vases. — Au contraire, la fabrication des vases allait tirer un heureux parti de l'emploi de la porcelaine dure qui devait permettre de leur donner des dimensions bien plus considérables. Ce n'est pas à dire que les vases en porcelaine tendre construits à Sèvres de 1740 à 1780 ne valussent pas, pour l'art, ceux qui suivirent. Et comment s'en étonner lorsqu'ils ont été exécutés par des artistes tels que Duplessis, Bachelier, Falconnet, Boizot, Le Riche, Lagrenée, Larue, Clodion*? Cependant on ne pouvait arriver, de beaucoup, à faire des pièces aussi grandes que celles que l'Allemagne produisait depuis plusieurs années. Mais, avec la porcelaine dure, nous n'eûmes bientôt plus rien à lui envier, lorsqu'eût été exécuté en 1783, sur le modèle de Boizot, le fameux *Vase Médicis*, qui est au Louvre. Des pièces de bronze ciselées par Thomire réunissent ou complètent les diverses parties de ce vase vraiment monumental**.

* *Vases à anses de têtes d'éléphants*, par Duplessis, *vase ruche d'abeilles, vase rocaille, vase aux tritons*, par Larue, *vase tulipe, vase à l'amour Falconnet, vase Bachelier des saisons, vase antique ferré* dit aussi *vase Fontenoy, vase vaisseau à mat, vase cuir, vase comète*; ces désignations suffisent à montrer quels efforts sont faits pour varier aussi bien la forme que le décor.

** On le voit dans la 5ᵉ des *Salles du mobilier*. En face une vitrine contient sa reproduction réduite, avec un autre vase lui faisant pendant. Tandis que le vase Boizot, en porcelaine dure, atteignait une hauteur de deux mètres, le plus grand vase de porcelaine tendre qu'on eût exécuté jusque-là, le vase *Bachelier des saisons* n'avait que 0 m. 80 cent. de haut.

Application de la porcelaine à l'ébénisterie. — Plaques peintes et camées. — On sut alors, même pour des œuvres de dimensions médiocres, mêler la porcelaine aux métaux avec beaucoup de bonheur : pendule de l'*Abondance* 1752, pendule du *Temps enchaîné par l'Amour*, surtouts de tables divers, candélabre de l'*Indépendance américaine* (ciselures de Thomire) au Louvre. Dans ces œuvres la céramique domine, le métal est l'accessoire. Mais la porcelaine intervint aussi dans l'ébénisterie d'une manière exquise, soit sous forme de bas-reliefs blancs sur fond bleu, incrustés en médaillon, ou courant en frise au milieu des bois précieux, de l'écaille et des cuivres, soit en plaques peintes; comme on le voit par exemple à Chantilly (cabinets ornés de scènes turques, d'après Michel Van Loo). D'ailleurs, on avait exécuté de véritables tableaux sur porcelaine à Sèvres, lorsqu'on n'y connaissait encore que la porcelaine tendre, telles sont les huit plaques *Chasses du roi*, d'après Oudry, par Asselin*.

Sèvres à la fin du xviiie *siècle.* — A la veille de la Révolution, la *Manufacture de porcelaines du roi à Sèvres* était dans tout son éclat. L'almanach royal de 1789 lui consacre toute une page. Elle avait pour administrateur général, un homme d'intelligence et de goût, à la fois amateur délicat et administrateur habile, grand personnage d'ailleurs : le comte de la Billardie d'Angiviller, conseiller du roi en ses conseils, mestre de camp de

---

* Citons encore sous Louis XV et Louis XVI les peintres sur porcelaine tendre ou dure : Genest, chef des ateliers de peinture de 1752 à 1789, peintre de figures; pour les fleurs : Bouillat, Parpetto, Micaud et Pithou; pour les oiseaux : Armand et Castel; pour les paysages : Rosset, Philippine, Evans, Morin; pour les figures : Dodin et Caton; pour les arabesques : Chulot et Laroche.

cavalerie, membre de l'Académie des sciences, directeur et ordonnateur des bâtiments du roi, arts, manufactures, académies, etc., etc. A la suite du comte d'Angiviller, l'almanach royal cite : le directeur Régnier; l'inspecteur général adjoint à la direction Hettlinger et l'inspecteur honoraire Berthelin de Mauroy; les commissaires de l'Académie des sciences, d'Arcet, Cadet de Gassicourt, Desmarest; les commissaires de l'Académie royale de peinture et de sculpture, Bachelier, Boizot, Lagrenée, et enfin le caissier, Barrau, l'architecte Couture et le garde-magasin général, Salmon aîné. Cette liste suffit à montrer, comment on cherchait à unir l'intérêt de l'art et l'intérêt de la science, avec celui d'une bonne administration, sans laquelle les deux autres seraient compromis*.

Sèvres pendant la Révolution. — Sa reconstitution par le premier Consul (1800). — Cependant, au moment de la Révolution, un des premiers soucis de Marat avait été de demander (dès 1790), dans l'*Ami du peuple*, la suppression d'un établissement qui « coûtait 200 000 livres annuellement, pour quelques services de porcelaine dont le roi fait présent aux ambassadeurs ». On voit de quelle façon large et élevée la question était comprise !

Le ministre Roland proposa de réunir les trois manufactures ci-devant royales Gobelins, la Savonnerie, Sèvres, pour en faire une entreprise purement commerciale (*rap-*

---

* Au début du règne de Louis XVI, d'Angiviller décida de commander aux sculpteurs des ouvrages destinés à glorifier les traits de vertus et les grands hommes, non seulement de l'antiquité, mais de l'histoire nationale. Les sculpteurs recevaient dix mille ivres pour la statue de marbre, plus mille livres pour un petit modèle en terre cuite destiné à être reproduit en biscuit de Sèvres, la plupart de ces modèles sont au musée céramique (Voy. Guiffrey. Les *Marbres de l'Institut*).

port à la *Convention du 6 janvier* 1793). C'était un moyen détourné de les détruire. Le ministre Paré eut la sagesse de le comprendre, malgré la violence des préjugés du temps, et, sur son initiative (1794), la Convention décida que les manufactures devenues nationales devaient conserver, autant que les circonstances le permettaient, leur ancien caractère et l'on y fit des bustes de Danton, de Robespierre et de Marat. Cependant Sèvres ne vécut guère que de nom, jusqu'au Consulat. Mais dès la première année de son pouvoir (1800), le Premier Consul Bonaparte, dont le génie et l'activité embrassaient toutes choses, réorganisait la manufacture de Sèvres et en donnait la direction à un minéralogiste déjà estimé et bientôt célèbre, Alexandre Brogniart, qui devait la conserver jusqu'en 1846.

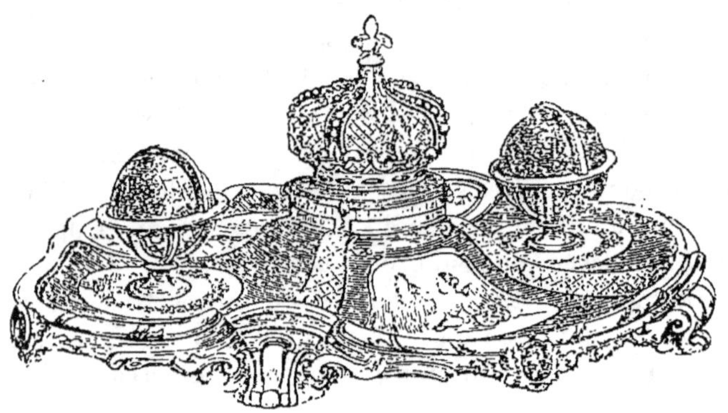

Fig. 279. — Porcelaine de Sèvres.
Écritoire donné à Marie-Antoinette par Louis XV.

Fig. 280 à 282. — Écuelle, pot à crème et broc.
(Décor polychrome.)

Fig. 283 à 289. — 1. Tasse à café, Manufacture du duc d'Angoulême. — 2. Tasse à café, Porcelaine à la Reyne. — 3. Cafétière, Manufacture de Clignancourt. — 4. Pot à pommade, Fabrique de la Ville-l'Évêque. — 5. Cafétière, porcelaine dure, Fabrique de la Courtille. — 6. Pot à crème, Fabrique du Comte d'Artois. — 7. Pot à lait, Fabrique de Monsieur.

FIG. 290. — Groupe en biscuit.
(Fût de colonne, vase et enfants accrochant des pampres.)

FIG. 201. — Groupe en biscuit, pièce de surtout.

Fig. 292. — Groupe en biscuit, d'après Clodion.

FIG. 293 et 294. — Vase à parfum (*pot-pourri*), et Soupière à relief, forme oblongue irrégulière.

Fig. 295 et 296. — Jardinières semi-circulaires.
Décor polychrome pouvant soutenir la comparaison
avec celui des porcelaines de Sèvres.

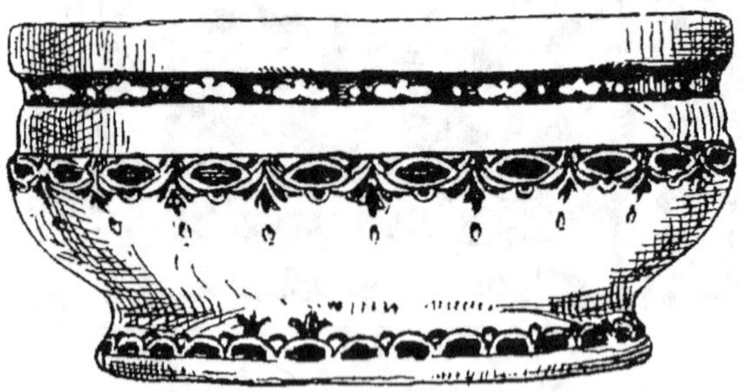

Fig. 297 et 298. — Pot à crème (milieu du xviiᵉ siècle).
Salière à compartiments (fin du xviiᵉ siècle).

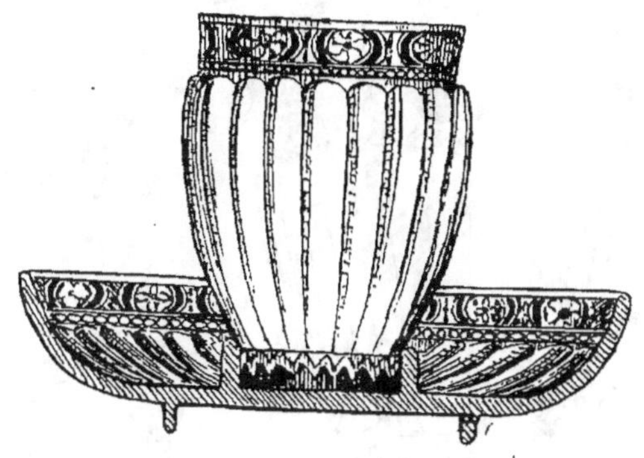

FIG. 299 et 300. — Tasse, dite *trembleuse*, et Pot à eau.
Décor polychrome.

Fig. 301 à 306.

Nᵒˢ 1 et 2. Gobelet et tasse à culot godronné, décor lambrequin,
ton bleu; 3, 4 et 6. Salières et pot à crème, décor polychrome.

Fɪɢ. 307 et 308. — Théière. — Assiette à côtes adoucies par l'émail
(Décors imités du chinois.)

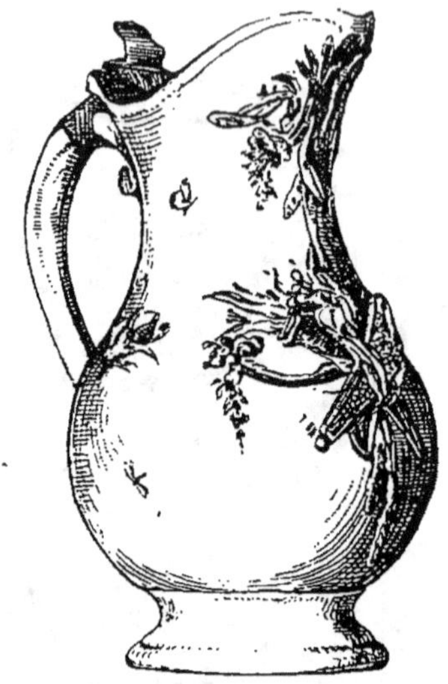

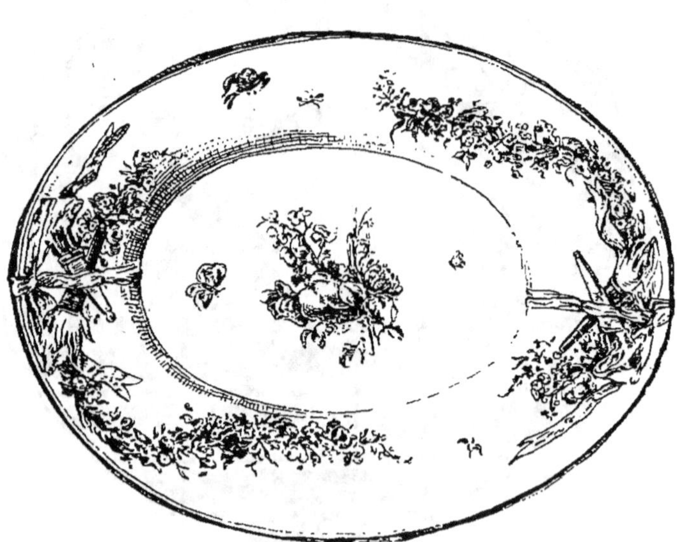

Fig. 309 et 310. — Pot à eau et Cuvette, décor polychrome en relief.

FIG. 314. — Vase antique ferré (dit de Fontenoy).
(Le cartouche représente un épisode de la bataille de Fontenoy.)

FIG. 312. — Vase Médicis, à fleurs en relief.
Décor fond bleu de Vincennes.

Fig. 515. — Vase semi-ovoïde, à fond réservé.

FIG. 314. — Vase à couvercle, à décor de fleurs en relief.

FIG. 315 et 316. — Caisses à fleurs, à compartiments

Fig. 317 à 321. — Garniture de cinq vases à camées et à cartels.

Fig. 322. — Vase à camée, monté en bronze.

FIG. 323. — Écritoire, style de J.-A. Meissonnier (Voir fig. 325).

LIVRE VI

LE XIXᵉ SIÈCLE.

CHAPITRE Iᵉʳ

FAITS GÉNÉRAUX

La Science, l'Industrie et l'Art.
Grand développement de la porcelaine.
Procédé du coulage. — Le four a feu continu.
Porcelaine nouvelle.
Développement des procédés mécaniques de décoration
L'aérographe, la presse a cylindre.
Influences étrangères. — Décadence et renaissance
de la faience. — Céramique monumentale.

Quoique le xixᵉ siècle vienne à peine de finir et qu'il soit difficile de porter un jugement sur une période aussi voisine de nous, on peut affirmer, sans crainte de voir ce jugement démenti par l'avenir, qu'il occupe une place

exceptionnelle dans l'histoire de la céramique, particulièrement en France.

La porcelaine française, qui débutait seulement à la
fin du siècle précédent, avec un grand éclat il est vrai,
prend alors tout son développement, et, à côté de Sèvres
dont la primauté est de plus en plus reconnue, les manufactures du Limousin et du Berry se mettent, pour la
qualité comme pour l'abondance des produits, à la tête
de la fabrication européenne.

Au point de vue artistique, on continue à chercher à
faire des pièces de grandes dimensions et l'on dépasse
bientôt les résultats déjà très importants qui avaient été
atteints. Ce succès est dû principalement au procédé nouveau du *coulage*. Ce procédé est fondé sur la propriété que
possède le plâtre sec d'absorber l'eau. Si dans un moule
ainsi formé on introduit de la pâte de porcelaine liquide,
dite *barbotine*, « l'eau sera absorbée par le plâtre, et la
pâte raffermie se répandra uniformément sur la surface
du moule. Quand une quantité de pâte suffisante se sera
fixée sur la paroi du moule, si on déverse l'excédent de
barbotine, il restera une couche de pâte raffermie repro-
duisant le profil intérieur, autrement dit, le moulage
exact de la pièce » (Vogt).

Le danger est de voir la pièce, si elle est considérable,
s'affaisser sous son propre poids, lorsque l'excédent de la
barbotine a été enlevé et que la pâte restée n'a pas encore
assez de cohésion. Ebelmen eut l'idée de remplir alors le
vase d'air comprimé (à haute pression); mais pour cela il
fallait fermer le moule et on ne pouvait surveiller l'opération. Regnault imagina de remplacer l'air comprimé à
l'intérieur par l'air raréfié à l'extérieur du moule. Le
moule dont l'orifice restait à découvert était entouré d'une

caisse dans laquelle on faisait le vide, la différence de pression entre l'air atmosphérique pénétrant librement dans le moule et l'air raréfié qui l'entourait suffisait à rendre la pâte bien adhérente à la paroi. Le principe des deux procédés est d'ailleurs le même : la différence de pression.

Le coulage permet aussi d'obtenir pour les objets de petites dimensions une ténuité invraisemblable (tasses dites *coquille d'œuf*). Cette méthode, appliquée pour la première fois à Tournay vers 1780, ne fut d'abord considérée que comme une simplification pour ce que les céramistes appellent le *creux* : bols, tasses, encriers, etc. Mais on ne tarda pas à voir le parti qu'on pouvait en tirer pour des produits d'une valeur exceptionnelle*.

D'autre part, les procédés de cuisson ne cessaient de faire des progrès. En 1858, Hoffmann et Licht réalisèrent d'une manière pratique le four à feu continu dont les premiers essais remontaient à 1776 et qui a été perfectionné depuis. L'application du gazogène à un four à cuisson continue, due à l'ingénieur allemand Mendheim, et introduite à la manufacture royale de Berlin en 1870, était bientôt adoptée en France chez Th. Haviland à Limoges (en 1882).

On comprend que l'engouement pour ce produit de la porcelaine, si longtemps et si vainement cherché, ait fait tout d'abord dédaigner la vieille faïence et même la porcelaine tendre. C'est alors la belle époque pour les peintres sur porcelaine. Ils font de véritables tableaux qu'on

---

* Le coulage a été un progrès; mais il a l'inconvénient de diminuer la part de l'ouvrier et de remplacer l'effort individuel par un procédé mécanique. Aussi serait-il bon de n'employer cette méthode que lorsqu'elle est nécessaire.

encadre comme des panneaux ou des toiles. Mais le milieu du siècle a vu un réveil de la faïence qui a bientôt reconquis toute sa faveur et n'a pas tardé à produire des œuvres éminentes. L'apogée de ce mouvement est marqué par l'Exposition universelle de 1889. Ce n'est pas qu'à l'Exposition de 1900 la faïence ait paru avoir dégénéré, mais elle restait stationnaire, tandis que le grès tendait à la remplacer dans les applications architecturales et que la porcelaine regagnait le terrain perdu. Elle le regagnait grâce surtout à la nouvelle pâte, inventée par Lauth et Vogt, en 1882, et appelée porcelaine nouvelle, pâte qui offre à la décoration des ressources plus variées et plus étendues. Cette découverte avait été amenée en partie par le désir de se rapprocher le plus possible de la porcelaine de l'Extrême-Orient et coïncide avec l'influence, que le Japon, entré dans le mouvement de la civilisation occidentale, et la Chine exercèrent dès lors sur tous nos arts industriels. Vogt retrouva aussi l'ancienne porcelaine tendre que l'on cherchait en vain de reconstituer depuis 1850, et il en parut des échantillons excellents à l'Exposition de 1900.

Cette rivalité entre les deux variétés de la céramique, qui possèdent chacune leur caractère propre, ne pouvait avoir que de bons résultats, d'autant plus que c'était le moment où, sous le second empire, un grand mouvement de rénovation se manifestait dans les arts industriels, mouvement dont la céramique devait surtout profiter. Jamais la science n'a été plus artiste et l'art plus savant que dans notre céramique actuelle. Pour l'art, comme pour la science, les essais les plus heureux ont été tentés, soit qu'on ressuscitât les secrets oubliés ou perdus du passé, soit qu'on voulût faire du nouveau. De là, ces nombreuses espèces de pâte, choisies suivant le but qu'on se propose; de là, cet accroissement de la palette, cette variété des styles, cette diversité des procédés de façonnage, de cuisson et de décoration (incrustations, gravure, reliefs, peintures grand feu sous couverte, etc.). Les verriers et les émailleurs unissent leurs efforts à ceux des potiers (émaux cloisonnés sur porcelaine, etc.).

Un fait considérable aussi de l'histoire de la céramique au xixᵉ siècle, c'est le perfectionnement et le développement des procédés mécaniques de vulgarisation; mais il y a eu peut-être excès de ce côté, et l'art a pu en souffrir*. « Le peintre sur porcelaine ou sur faïence se fait de plus en plus rare, du moins relativement à la production totale. Les fleurs de quelques faïences, dit le vicomte d'Avenel dans une intéressante étude publiée récemment dans la *Revue des Deux Mondes*, les fleurs de quelques faïences sont coloriées à la main suivant un cadre imprimé d'avance en noir. En général, le spécialiste est remplacé par l'*Aérographe* ou par la machine à décalquer. L'aérographe, au moyen de l'air comprimé, vaporise et distribue mécaniquement la couleur sur la pâte. C'est un procédé plus soigné, mais plus coûteux que l'impression. La presse à cylindre tire facilement deux cents chromos à l'heure en feuilles minces comme du papier à cigarette qui, appliquées ensuite sur des assiettes y déchargent leur dessin. Une cuisson sommaire à 700 degrés suffit au dégraissage, brûle l'huile et sèche la couleur. » Mais malgré cela la céramique artistique a su se défendre.

Bientôt les architectes comprennent de nouveau, principalement sous l'impulsion de Sédille**, le parti que l'on

* Voir ci-dessus page 205.
** Villa de M. Dietz-Monnin, à Auteuil, 1872. Des essais de ce

peut tirer des terres cuites appliquées aux édifices, et triomphent de la routine des constructeurs comme des hésitations du public. Rien ne prouve mieux l'état brillant de la céramique française que le succès égal obtenu par nos artistes dans l'exécution de ces objets d'une délicatesse rare, véritables bijoux que l'on garde dans des écrins, et de ces vastes frises, ces fontaines, ces grands vases qui décorent nos jardins ou se développent sur les façades de nos monuments.

On peut regretter que, parmi ces efforts, les plus originaux (je ne dis pas les plus bizarres) ne soient pas toujours les mieux accueillis du public. Il faudrait que le public, plus éclairé et surtout plus sûr de son goût, tout en appréciant comme il convient les chefs-d'œuvre du passé, ne leur consacrât pas trop exclusivement son admiration et ses ressources ; n'obligeât pas des hommes d'invention et de talent à répéter quand même les anciens modèles et consentît plus facilement à payer ce qu'elles valent des pièces excellentes qui n'ont que le tort de n'avoir pas assez vieilli.

genre avaient été faits, par Pichenot, dès 1841, puis par Davioud. A côté de Sédille, citons MM. Formigé, Bouvard, Dutert, etc. (Voy. p. 237-241.) — M. Vogt vient de créer (1907) une porcelaine tendre nouvelle.

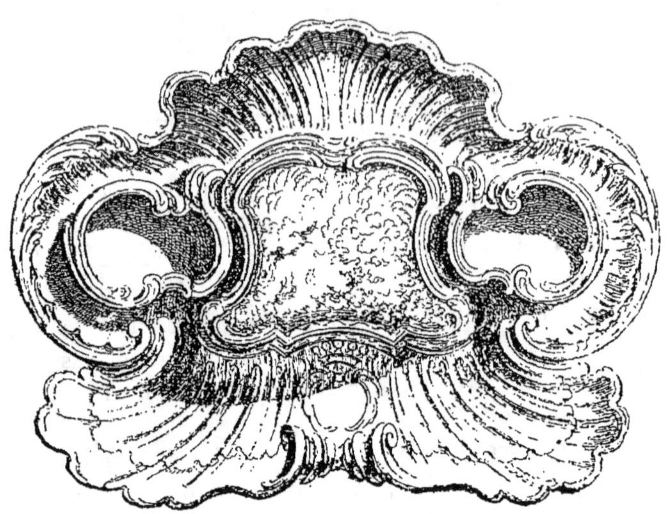

Fig. 325. — Dessous d'écritoire, style de J.-A. Meissonnier.
(Voir fig. 323.)

CHAPITRE II

MANUFACTURE DE SÈVRES

La période napoléonienne. — Les grands vases. — Les plaques peintes. — Musée céramique. — Jamais l'activité de la fabrication à Sèvres ne fut plus grande qu'au début du XIXe siècle, dans la période napoléonienne. Sans parler des peintres plus spécialement attachés à la manufacture, Parant, Swebach, Jacques Lagrenée le jeune, le peintre de fleurs hollandais Jean van Os, appelé en 1811, Mme Jaquotot, etc., nous voyons leurs plus renommés confrères travailler à côté d'eux, et Isabey peint la célèbre *Table des maréchaux*, qui eut pour rivale la *Table d'Alexandre*, exposée par Parant en 1812. Les architectes les plus occupés aux grandes constructions de cette époque ne dédaignent pas de donner des modèles aux céramistes Percier, Fontaine, Alexandre-Théodore Brongniart, père du minéralogiste Alexandre Brongniart, qui, comme nous l'avons vu, avait été mis à la tête de la manufacture.

Si, dès 1800, les secrets de quelques couleurs sont oubliés, on en invente d'autres, telles que le vert de chrome découvert par Vauquelin en 1806, « couleur qui se cuit au grand feu et qui, par conséquent, est très solide et reçoit bien la dorure ». On a même le tort de faire le plus souvent disparaître complètement la porcelaine sous une couche uniforme : on adopte en général, avec le vert de chrome, le bleu de cobalt, le brun écaille. On fait aussi un usage immodéré du bronzé et de la dorure. On se plaît également à mêler des montures métalliques aux pièces céramiques et l'on sait quelle était alors la perfection du bronze d'ameublement avec des fondeurs et ciseleurs tels que Thomire et Odiot. En 1814, on introduit à Sèvres le procédé du coulage.

Les modèles et les motifs sont conformes à la mode du jour : type égyptien, type étrusque, type gréco-romain surtout. Mais l'histoire contemporaine offre de trop beaux sujets pour qu'on ne lui donne pas sa place, d'autant plus que Napoléon entend faire de Sèvres, comme de toutes les forces intellectuelles ou matérielles qu'il a dans sa main, un instrument de règne, et veut qu'on y reproduise en peintures allégoriques ou réelles ses victoires et ses institutions. De là une variété* plus grande qu'on ne s'y attendrait à une époque où domine le classique étroit de David. Napoléon veut aussi que ce qui se fait à Sèvres

---

* Cette variété se montre plus encore dans les formes que dans la décoration; mais ici, les Grecs avaient donné l'exemple.

serve à l'enseignement de la nation et le musée céramique est créé en 1806, chose d'autant plus utile que la porcelaine tendre avait été abandonnée (1804). Or, les modèles contenus dans les collections pouvaient seuls désormais conserver le souvenir de cet art, et donner plus tard l'idée de le faire renaître.

Pendant tout son règne Napoléon ne cesse de s'occuper de cette manufacture qui doit faire honneur à son gouvernement : il donne des sujets à traiter et indique dans quel sens les travaux doivent être dirigés. Il la visite à diverses reprises, quatre fois au moins : le 15 brumaire an XIV (5 nov. 1805), le 21 avril 1806, le 30 sept. 1809 avec le roi de Saxe, le 6 juin 1811 avec Marie-Louise. Mais s'il ne ménage pas ses encouragements, il entend que tout marche bien. Dans une des périodes les plus occupées de sa vie si prodigieusement remplie, à la fin de 1807 (11 sept.), il trouve le temps de faire écrire par Duroc à Brongniart, pour « prévenir le directeur de la manufacture de Sèvres que si, dans un an, il ne réussit pas mieux, surtout pour la forme des dessins, la manufacture sera supprimée : elle doit être la première et non pas du second ordre. » Brongniart mit l'année à profit et la menace ne fut pas exécutée. Napoléon emporta un service de porcelaine de Sèvres à Sainte-Hélène. Par son testament du 15 avril 1821 il le confia à Montholon pour le remettre « à son fils quand il aura seize ans ».

Sans entrer dans plus de détails, indiquons ici, outre la *Table des maréchaux** et la *Table d'Alexandre*, quelques-unes des œuvres les plus importantes sorties des ateliers

---

* Isabey commença cet ouvrage en 1808 et le termina en 1810. Il s'était exercé pour la première fois à la peinture sur porcelaine en 1807 dans un portrait de l'impératrice Joséphine.

de Sèvres, entre 1800 et 1815 : le *Vase Cordelier* (1801),
puis le *Vase Œuf* (1802) et le *Vase Fuseau* (1803) ; le *Vase
Floréal* (1805), le *Vase Médicis* (1808), d'après A.-T. Brongniart, le *Vase Percier* (1804), le *Vase étrusque à rouleaux*
(1809), le *Vase étrusque cylindré*, le *Vase Carafe étrusque*
(1810), la grande *coupe Fragonard* (1813), le grand *Candélabre de l'Impératrice* (A.-T. Brongniart), haut de 2 m. 35,
dépassant donc de 35 centimètres le fameux vase Médicis de
Boizot, fabriqué en 1783 ; la *Pendule Percier* ; une *Colonne sur la campagne de 1805* ; enfin le *Surtout olympique*
dont la pièce principale nous montre Napoléon sur un
quadrige triomphal, et le *Surtout égyptien* représentant un
temple pharaonique avec pylônes, obélisques, rangée de
sphinx.

Parmi les *pièces de service*, signalons un encrier de style
égyptien (1802, Musée de Sèvres) où des hiéroglyphes
d'or s'impriment en creux sur un fond bronzé gris uniforme ; le cabaret style antique, fond or à reliefs blanc
mat, exécuté d'après les dessins de Régnier (1812) et
donné à Mme de Castiglione, dame du palais ; le service à
dessert peint par Mme Jaquotot pour être donné au tsar
Alexandre. Enfin n'oublions pas les nombreuses représentations de Napoléon. Déjà sous le Directoire, la manufacture avait mis en vente le buste et un médaillon du général Bonaparte, germinal an VI (avril 1798). Au 11 frimaire an IX (nov. 1801), la manufacture avait déjà
fabriqué 385 bustes et 1242 médaillons du héros d'Italie et
d'Égypte ; puis ce fut le buste du Premier Consul, d'après
Chaudet, etc.

La Restauration et le Gouvernement de Juillet. — La
Restauration devait se montrer favorable à un art qui

rappelait les derniers beaux jours de l'ancien régime, quoique, au début, par fanatisme politique, elle ait fait détruire un grand nombre de pièces qui rappelaient « l'usurpateur* ». Vers 1820, on essaie sans grand succès de reprendre la fabrication de la porcelaine tendre. En somme, de 1816 à 1830, on se contente de suivre les anciens errements comme le montrent le *Vase campanien* de Luynes, le *Vase Médicis* de Fragonard (1827), la *Coupe des Cinq Sens*, exécutée par Mme Ducluzeau, d'après Fragonard; car ce ne sont pas des nouveautés à recommander que les vases en forme d'arrosoir et les surtouts composés de palmiers et de cornes d'abondance.

Sous Louis-Philippe le romantisme apparaît à Sèvres avec Laloy, Régnier, Chenavard, etc.; mais il n'y règne pas seul et, à côté des vases de Régnier, de Laloy, du *Vase François* 1er de Chenavard (1837), des pendules arabes de Feuchère, nous avons le *Vase olympique* (1832), le *Vase Phidias* de Fragonard **, les vases égyptiens dessinés par Champollion, l'*Agriculture* de Klagmann (1848).

La manufacture est surtout fière du vase Phidias auquel on a pu donner 2 m. 38 de haut et 1 m. 20 de diamètre, dimensions qui dépassent tout qu'on avait fait jusque-là. Dans les pièces de service, les formes deviennent vulgaires, malgré le *Service Campanien* (1831) et le *Service Wedgwood* (1836), où l'imitation anglaise rappelle « l'entente cordiale ». Il faut cependant signaler un nouveau modèle

---

* Peu s'en fallut que la table des maréchaux elle-même ne fût pas épargnée. L'ordre fut donné de remplacer les figures des héros de l'Empire, par des personnages célèbres du temps de Louis XIV. Heureusement la transformation ne fut pas exécutée.

** Il s'agit d'Alexandre Evariste Fragonard (1785-1850), peintre et sculpteur, fils d'Honoré Fragonard, mort en 1806. Le fils d'Evariste, Théophile F., fut spécialement attaché à la manufacture de Sèvres.

de tasse dont Peyre fit le dessin (1844) et qui fut depuis « universellement adopté par l'industrie porcelainière ».

En somme, sans être aussi brillante que dans la période qui précède et dans celle qui suivra, Sèvres, sous Louis XVIII, Charles X et Louis-Philippe restait digne d'elle-même. Le gouvernement avait d'ailleurs pleine conscience du rôle que Sèvres devait jouer dans l'industrie et l'art français, et on lisait dans l'*Almanach royal* de 1832, à la suite de la liste du personnel supérieur de l'établissement : « Cette manufacture a pour objet de maintenir la bonne fabrication de la porcelaine, d'en étendre les progrès en exécutant les pièces les plus grandes, les plus précieuses et les plus parfaites sous tous les rapports et de mettre à la disposition du roi des objets dignes, par la réunion de tous ces genres de mérite, de meubler ses palais ou d'être offerts en présents. »

Apogée de la peinture sur porcelaine pendant la première moitié du XIX⁰ siècle. — Cependant, malgré les pièces céramiques que nous avons citées et dont la liste pourrait être facilement augmentée, ce qui fit surtout alors la gloire de Sèvres, ce furent les tableaux sur porcelaine. En 1848, un homme de goût, P. Mérimée, exagérant encore sur ce point les idées d'Ingres (et l'on sait qu'il était difficile d'exagérer les idées d'Ingres) disait que c'était à ce seul genre que devait se borner le travail de la manufacture qui, sans cela, ajoutait-il, « serait fermée depuis longtemps ».

Autant valait dire que la céramique n'existait pas comme art distinct. Or, quelque estime que l'on ait pour les œuvres de Mme Jaquotot et de Mme Ducluzeaux, de Georget, Jacobber, etc., ces peintures ne peuvent être dans l'ensemble de la céramique qu'un luxe exceptionnel et en dehors de son but spécial*. Mais ne doit-on pas déplorer que, par une exagération contraire, cet art qui a produit des chefs-d'œuvre soit aujourd'hui complètement abandonné. Est-il vrai de dire que ce soit un genre faux? Nullement. Doit-on supprimer la gravure en pierre fines et l'orfèvrerie parce qu'on a la gravure en médaille et la sculpture? la mosaïque parce qu'on a la fresque? Comme l'aquarelle, la peinture sur porcelaine est un procédé qui a des qualités et des effets propres qui lui assurent sa place légitime à côté des autres modes de peinture. Elle mérite aussi d'être pratiquée à un autre point de vue : il n'en est pas qui ait plus de fixité et qui échappe mieux aux chances d'altération et de destruction. Et c'est pour cela qu'Ingres recommandait que le gouvernement prît soin de faire reproduire par ce procédé, soit en vraie grandeur, si les dimensions de l'original le permettaient, soit en réduction les chefs-d'œuvre de la peinture ancienne et moderne. D'ailleurs, la peinture sur porcelaine se défend assez bien elle-même par les œuvres éminentes qu'elle a produites et parmi lesquelles nous signalerons ** :

Le **Portrait d'homme* d'après Calcar (Louvre) — peut être la merveille du genre, — exécuté par Mme Ducluzeau qui est aussi l'auteur de la **Vierge au voile* ou *au diadème*, d'après Raphaël, du *duc d'Orléans*, d'après Ingres, du *Portrait de la reine d'Angleterre*, d'après Winterhaller, donné par Louis-Philippe à la reine Victoria, 1846 et dont

----

* Comme exemple des fautes de goût où l'engouement pour ce genre de décoration pouvait entraîner, nous citerons le service d'assiettes avec des vues de palais et de parcs royaux qui passa alors pour un chef-d'œuvre.

** Plusieurs de ces peintures sont ou peu s'en faut de la grandeur de l'original : nous les avons distinguées par le signe suivant *.

la répétition est à Sèvres. — *La *Vierge du Grand Duc* (Raphaël); l'*École d'Athènes* (Raphaël); le *Mariage de sainte Catherine* (Corrège); l'*Entrée d'Henri IV à Paris* (Gérard), par Constantin. — *La *Femme hydropique* (G. Dow), par Georget. — *Fleurs et fruits* (d'après Van Spaendonck et Van Huysum), par Jacobber. — La *Femme aux deux miroirs* (Titien), par Béranger. — *Charles* Iᵉʳ (Van Dyck), par Mme Laurent. — *La *Charrette au cheval blanc* (Carel du Jardin), par F. Robert, où l'on admire le rendu de la masse des arbres. — *Psyché et l'Amour* (Gérard), *Atala au tombeau* (Girodet), *Sainte Cécile* (Raphaël), la *Vierge au Poisson* (Raphaël), la *Vierge de Foligno* (Raphaël), la *Vierge au voile* (Raphaël)*, par Mme Jaquotot.

Le second Empire et la République. — Les Expositions universelles. — La peinture cède le pas à la céramique. — Porcelaine nouvelle. — Les pâtes colorées, etc. — Pendant la période qui nous occupe et dans les premières années de celle qui suivit, sous la direction du chimiste Ebelmen successeur de Brongniart (1847) et sous celle de l'illustre Regnault qui occupa la place de 1862 à 1871, Sèvres risquait de sacrifier l'art aux recherches scientifiques.

Ce danger réel fut atténué par les expositions universelles qui prennent naissance à cette époque et mirent notre manufacture nationale en demeure de lutter victo-

* Ce tableau, peint en 1835, parut au Salon de 1836 et fut donné au pape Grégoire XVI. « Il n'y a qu'un seul mot à dire de la copie sur porcelaine, que Mme Jaquotot a fait de la Vierge au voile : c'est aussi beau que Raphaël, » écrit Alfred de Musset dans son *Salon de 1836.* — La bibliothèque du Vatican contient d'autres objets de Sèvres : des vases donnés par Charles X et par Jules Grévy, les fonts baptismaux qui servirent au baptême du prince impérial, envoyés par Napoléon III. — Parmi les peintres qui ont travaillé pour Sèvres, citons encore Troyon, Van Marcke, Hamon.

rieusement avec les établissements analogues de l'étranger. A la première de ces expositions, à Londres en 1851, le succès de Sèvres fut éclatant et Gérôme, qui commençait alors à se faire connaître, donna le modèle de la frise du vase commémoratif que Sèvres exécuta à cette occasion. Sèvres confirma ces succès aux expositions internationales qui suivirent, aussi bien en France qu'à l'étranger. Il serait trop long de l'y accompagner. Faisons cependant quelques remarques.

A partir de 1860 environ (et on en eut la preuve en 1867) Sèvres se préoccupa surtout avec raison de faire de la céramique proprement dite*. C'est le moment, nous l'avons dit, où nos arts industriels, principalement sous l'impulsion de l'*Union des arts décoratifs*, prenaient un essor nouveau. Depuis 1848 on employait les pâtes colorées étudiées par Regnault et Salvetat. Ces pâtes colorées étaient destinées à être appliquées sur la pâte blanche en épaisseurs variables. « Ce procédé dit *pâte sur pâte* ou *pâte d'application* fut mis en œuvre pour la première fois par M. Fischbag à l'instigation de Riocreux, conservateur du musée. » La décoration fut ainsi enrichie de moyens nouveaux fort remarquables, dont surent habilement se servir des artistes tels que Barrias, Fiquenet, Gobert, Mme Escallier. Malheureusement, au lieu de n'utiliser ces pâtes colorées que comme décor, il arriva le plus souvent qu'on en couvrit complètement les surfaces.

Il sembla un moment que Sèvres allait devenir une école universelle de céramique; on y avait fait des émaux,

---

* Mais ce n'est pas à dire pour cela qu'il fut bon d'abandonner si complètement la peinture sur porcelaine. La dernière plaque exécutée à Sèvres parut à l'Exposition de 1878. C'était la copie par Schilt du *Départ pour Cythère*, de Watteau, qui se trouve au Musée de l'Ermitage.

on y avait fait des cristaux et des vitraux* entre 1800 et
1850 environ ; on y reconstitue enfin la porcelaine tendre ;
on y fit des faïences entre 1860 et 1875 ; on y fit aussi des
grès (depuis 1892), fabrication qui aboutit à la construction
des pièces monumentales exposées en 1900**. Il semble
aujourd'hui qu'elle craigne de disperser ses forces et
elle s'adonne presque exclusivement à la porcelaine proprement dite, mais à la porcelaine sous toutes ses
formes. Elle fait des statuettes, excellentes reproductions
d'œuvres célèbres, telles que la *Vierge au Lys* de Dela-
planche, le *Mozart enfant* de Barrias, le *Saint-Jean* de Paul
Dubois, la *Première communiante*, l'*Arlequin* et l'*Extase*,
de René de Saint-Marceaux, l'*Étoile du Berger*, de Roussel,
la *Paimpolaise* et le *Menuet*, de Laporte-Blairzy, *Salammbô
et Matho*, *Dante et Virgile*, de Rivière-Théodore — ou de
sujets originaux, commandés par la fabrique, tels que le
surtout des *Danseuses* de Léonard et celui de Frémiet (qui
parurent à l'Exposition de 1900) ; elle multiplie ses décorations et ses formes, empruntant à l'étranger tout ce qui
peut augmenter son patrimoine déjà si riche***.

C'est ainsi qu'elle peut lutter avec Copenhague pour
ses porcelaines décorées cuites au grand feu sous couverte****. La décoration peinte est faite sur de la porce-

* Sur la part prise par Sèvres à la renaissance de la peinture
sur verre, voir Ottin, *le Vitrail* et Olivier Merson, *les Vitraux.*
    ** Voy. ci-dessous, page 240.
    *** Le sculpteur Agathon Van Veydeweldt dit Léonard reçut à
cette occasion un grand prix de collaborateur.
    **** De nombreux essais avaient été faits en France et des résul-
tats sérieux obtenus, lorsque le succès décisif de la fabrique de
Copenhague, favorisée par le goût de l'exotisme, et surtout de
l'exotisme scandinave, qui était déjà si vif chez nous, assura la
vogue de ce genre de fabrication. Il mérite, en effet, tous les élo-
ges. Cependant n'y a-t-il pas eu, en cela, un peu de ce qu'on pourrait appeler de l'*Ibsénisme* céramique ? Car nous faisons, nous
aussi, des œuvres de ce genre et de fort remarquables.

laine simplement « dégourdie », puis mise sous couverte. La peinture et la couverte sont cuites en même temps au grand feu. La difficulté c'est de choisir les couleurs et les pâtes de façon que toutes les dilatations des divers produits concordent et qu'il n'y ait pas de craquelure.

Ce qui explique que Sèvres tende à s'adonner exclusivement à la porcelaine pure, c'est la découverte de la porcelaine nouvelle faite en 1882, par MM. Lauth et Vogt et que nous avons signalée parmi les faits généraux de l'art du potier au XIXe siècle. Cette porcelaine se rapproche beaucoup des porcelaines japonaises et chinoises. Ayant les mêmes qualités plastiques que l'ancienne porcelaine dure (saxonne ou française) elle laisse à la décoration beaucoup plus de variétés. La cuisson excessive à laquelle doit être soumise l'ancienne porcelaine vaporisant ou altérant profondément la plupart des couleurs, restreignait outre mesure la palette du décorateur à moins qu'on n'eût recours au feu de moufle et aux fondants. La porcelaine ancienne est encore employée et convient seule à certains effets : mais la porcelaine nouvelle est d'une application beaucoup plus étendue *. « La porcelaine nouvelle, dit avec raison son inventeur Vogt, peut être ornée, comme celles de Chine de couvertes colorées, de flambés, de décors sous couverte au grand feu et au feu de moufle, d'émaux vifs et limpides fixés en relief sur les pièces. » La porcelaine nouvelle, comme la porcelaine dure, est susceptible de variétés. Mais après de nombreux essais il paraîtrait que ses variétés au point de vue de la dilatation, chose qui importe avant tout pour la décoration, dépendent moins de la

* La porcelaine nouvelle, suivant sa composition, cuit entre 1270 et 1310 degrés. La pâte dure de Sèvres, entre 1550 et 1550 degrés. La porcelaine chinoise à 1475 degrés ; le feu de moufle va de 830 à 860 degrés.

combinaison des matières que de la température à laquelle la pâte a été cuite.

État actuel. — Malgré nos difficultés financières, le gouvernement de la République a toujours fait le nécessaire pour maintenir Sèvres à sa hauteur*. Son budget annuel dépasse 600 000 francs. Une école d'application pour la céramique y a été établie. Le 17 novembre 1876 furent inaugurés les bâtiments d'une nouvelle manufacture. La dépense fut considérable, exagérée et, malgré cela, des personnes compétentes trouvent que « les services y sont médiocrement organisés ».

L'année précédente, on avait institué un concours annuel, sous le nom de prix de Sèvres. Les résultats n'ont pas été aussi satisfaisants qu'on s'y attendait : pour donner des modèles de céramique, il ne suffit pas de concevoir de belles formes et d'agréables associations de lignes et de couleur, il faut encore que ces formes et ces couleurs conviennent à la céramique. Cependant, de ces concours, sont sortis les vases de MM. Lameire, Mayeux et Chéret**. Ces vases rivalisent avec les pièces qui avaient été faites depuis 1850 d'après les modèles de Peyre, de Diéterle (*Coupe du travail*), de Nicolle (*Vase de Neptune*, le plus grand qui existe, 3 m. 15 de haut). Après 1875, Carrier-Belleuse, nommé directeur des travaux d'art, donna un grand

* La commission du budget de 1891 demanda la suppression de la manufacture de Sèvres. Mais les promesses de réformes faites par M. Léon Bourgeois firent écarter ce projet.

** Le vase de Lameire et le vase de Mayeux datent de 1876. Ils se trouvent au Louvre dans la grande galerie. Ces vases sont corrects mais assez froids et manquent d'originalité. Le vase exécuté d'après le modèle de Joseph Chéret est à la Bibliothèque nationale. Il a obtenu le prix de Sèvres en 1879. Destiné à rappeler l'expédition faite pour observer le passage de Vénus sur le soleil, il est accompagné de l'inscription suivante : *la République Française à MM. Janssen, Bouquet de la Grye, André Fleuriais, Héraud, Mouchez.*

nombre de types nouveaux. Ces types, même lorsqu'ils
sont discutables, attestent l'habileté et l'inspiration pri-
me-sautière d'un des artistes qui, sans parler des œuvres
éminentes du statuaire, compte parmi ceux qui ont le plus
contribué à élever chez nous le niveau de ce qu'on pourrait appeler les arts de la vie. Carrier-Belleuse appela à
Sèvres son élève Rodin qui y fut employé de 1879 à 1882
et auquel on doit les modèles du vase des *Éléments*, des
vases du *Jour*, du *Soir*, de l'*Hiver*, etc.

Un fait récent, et plus important dans l'histoire de
Sèvres qu'on ne penserait tout d'abord, a été l'ouverture,
en plein boulevard, d'un magasin où sont vendus directement au public les produits, non réservés, de la manufacture. Cette innovation, retardée par des préjugés peu
justifiables, a le triple avantage : de décourager une
contrefaçon effrénée qui déjouait toute surveillance et
pouvait compromettre le renom de la fabrique; de constituer un gain appréciable, procurant à la manufacture des
ressources nouvelles qui tourneront au profit de l'art;
enfin, de répandre dans le public des œuvres authentiques
d'une haute valeur artistique, ce qui contribuera à l'édu-
cation du goût national. A l'étranger les produits de
Sèvres sont toujours aussi estimés et parmi les nombreux
présents reçus par le roi d'Espagne Alphonse XIII, à l'occasion de son mariage, il n'en est sans doute aucun qu'il
préfère aux belles pièces de céramique qui lui ont été
envoyées (1906) par notre célèbre manufacture.

FIG. 326. — XVIII° SIÈCLE. — Lunéville. Modèle en terre cuite, de Cyfflé, exécuté en biscuit.

FIG. 327. — Formes et décors modernes, Limoges.

CHAPITRE III

LA PORCELAINE HORS DE SÈVRES

FABRIQUES DU LIMOUSIN.
POUYAT, DUBOUCHÉ, CH. HAVILAND, TH. HAVILAND,
LES « CHAMBRELANS ».
FABRIQUES DU BERRY. — BORDEAUX.

Les privilèges accordés à la manufacture de Sèvres avaient d'abord arrêté, à ses débuts, le développement de l'industrie de la porcelaine dans le reste de la France ; mais ces privilèges, fort restreints déjà à la fin de l'ancien régime, disparurent avec lui. Comme il était naturel, l'industrie porcelainière s'établit de préférence dans la région où l'on avait tout d'abord découvert le kaolin, c'est-à-dire dans le *Limousin*. Aujourd'hui encore, sur une centaine de manufactures qui existent en France, Limoges à elle seule, dit M. Vogt, en possède trente-quatre. Une des plus anciennes est celle de Pouyat, qui a maintenu jusqu'à nos jours sa réputation, et a fait plus qu'aucune autre pour répandre nos produits à l'étranger. La manufacture Pouyat a exécuté de fort belles pièces décorées; mais c'est surtout dans la porcelaine blanche qu'elle se place au premier rang « par la perfection des formes, la pureté et la rectitude des détails et l'éclat de sa blancheur ». Ainsi s'exprimait, à l'occasion de l'Exposition de 1878, Adrien Dubouché, qui est plutôt cependant un artiste qu'un industriel, et il ajoutait : « Le blanc Pouyat est légendaire, et égaler cette fabrication semble chose désespérante* ». A côté de Pouyat, on peut citer parmi les plus anciennes porcelaineries de Limoges, celles d'Ardant, de Demartial, de Gibus et de son successeur Redon.

Des maisons nouvelles, parmi lesquelles nous indiquerons celle de MM. Boisbertrand et Dorat, vinrent lutter dans la seconde moitié du xix° siècle contre ces vieilles réputations**. Ce développement de l'industrie porcelainière à Limoges est dû en grande partie à Adrien Dubouché,

---

* Pendant la première partie du siècle les porcelainiers de Limoges ne faisaient guère que du blanc. « Ils travaillaient, dit M. d'Avenel, pour le compte des marchands parisiens, propriétaires des modèles, — qui les faisaient décorer sur place suivant les ordres de leur clientèle par des artistes en chambre. Parmi eux se trouvaient Schœlcher, père du député, et Boucot qui était en même temps danseur à l'opéra (1845) ».

** Beaucoup d'autres noms pourraient y être ajoutés, Massé, Grellé, Fourneira, Gérard, Dufraisseix et Cⁱᵉ, Baignol, Monnerié, Brisset, Ruaud, Parent, Alluaud, etc., qui tous ont fait honneur à l'industrie française. Alluaud était l'élève de Vauquelin et de Fourcroy et le neveu de Vergniaud. Fourcroy visita sa fabrique en 1805.

qui devint en 1863 directeur du Musée de Limoges, fondé
en 1850, et contribua pour une grande part à l'établissement dans cette ville (1868), d'une école municipale des
beaux-arts appliqués à l'industrie*. Dans son apostolat
artistique, Dubouché trouva des appuis dévoués parmi les
chefs d'industrie du pays, tels que Guérin (qui alluma ses
fours en 1863), et auprès d'un Américain des États-Unis,
Haviland, qui avait fondé en 1856, — spécialement pour
fournir sa patrie de produits de première valeur que l'importation ne lui donnait pas jusqu'alors, — une fabrique
qui prit en quelques années une importance exceptionnelle, et tient aujourd'hui le premier rang. Comment
s'étonner de ses succès, lorsqu'on sait que la maison Haviland, toujours à la recherche des meilleurs procédés industriels et ne reculant devant aucune dépense pour tout essai
plausible, sut, de plus, confier la direction de ses ateliers
de décoration à un artiste tel que le peintre de talent et
graveur éminent Bracquemond, et que ce directeur a eu
des collaborateurs tels que les sculpteurs Aubé et Dela-
planche? En 1887, un autre Américain de la même famille,
Théodore Haviland**, établissait également à Limoges
une fabrique de porcelaine et en 1900 obtenait, comme
son homonyme, une grande médaille d'honneur.

Avant de quitter le Limousin, nous nous reprocherions
de ne pas signaler l'intéressante collectivité des céra-

---

* On jugera du résultat de ces efforts dans la coupe du Musée
du Luxembourg qui porte l'inscription suivante : *Emmanuel Ca-
vaillé-Coll et Marcel Brouillard, Coupe en porcelaine de Limoges exécutée par les élèves de l'École nationale des arts décoratifs de Limoges
(Fours de la maison Guérin)*. C'est une pièce de premier ordre,
par les dimensions, la technique et l'art. Elle est comparable à
ce que Sèvres a fait de plus considérable et de meilleur.

** M. Théodore Haviland est le frère de M. Charles Haviland, le
Directeur actuel de la première fabrique fondée par les Haviland.

mistes « Chambrelans » * de Limoges, société d'émulation d'une trentaine de membres, « dont le but est de perfectionner les formes et les décors des objets en porcelaine en leur donnant un caractère plus artistique et en se dégageant autant que possible des obligations commerciales qu'impose l'industrie. Seuls les artisans non patentés peuvent en faire partie et les travaux présentés doivent être exécutés à la main à l'exclusion de tout procédé mécanique** ». Cette belle institution a puissamment contribué à maintenir, mieux qu'ailleurs, dans la fabrication Limousine cette heureuse harmonie entre l'industrie et l'art qui assure sa supériorité. Cependant les porcelainiers limousins n'avaient pas tardé à avoir des rivaux dans leurs confrères du *Berry* : par exemple, la maison Hache-et-Pépin-Le-Halleur et la maison Julien, à *Vierzon*; la maison Pillivuyt à *Mehun-sur-Yèvre*, dont on a vu aux diverses expositions des pièces de premier ordre. Plus au sud, à *Bordeaux*, Viellard dirigea une fabrique qui, après avoir obtenu un brillant succès à l'Exposition de 1878, ne s'est pas maintenue.

LA RÉGION PARISIENNE. — CHOISY-LE-ROY. — MM. THESMAR, DAMMOUSE, CHAPLET, ETC.

Dans la *région parisienne*, nous trouvons aussi des fabriques importantes, telles de celles de Clauss fondée en 1820, celle de Gillé fondée en 1857 et qui prit un grand développement lorsque ses nouveaux propriétaires Vion

---

* Chambrelan est un vieux mot qui signifie « ouvrier en chambre ».
** Rapport du Jury des récompenses à l'Exposition de 1900.

et Baury (1868), la transportèrent à *Choisy-le-Roi*. Baury était un élève de Rude; il est donc naturel que la fabrique de Choisy ait produit des groupes et des statuettes remarquables. Elle se distingua aussi dans les lustres et miroirs ornés de fleurs, et dans les bouquets façon Saxe. Provost fonda en 1855 un atelier pour l'impression chromo-lithographique sur porcelaine et eut pour successeur Joseph Gardaire. Harant et Guignard ne sont pas des fabricants; ils ne sont que des marchands, mais des marchands qui savent créer des modèles et « donnent ainsi un concours précieux à l'industrie. »

Nous pourrions en citer d'autres, mais ce qui rend la céramique parisienne particulièrement intéressante, ce sont moins les grandes entreprises commerciales et industrielles, que les artistes qui, même occupant un certain nombre d'ouvriers, ne laissent sortir de leur atelier que des pièces, qui ne seront pas répétées, des pièces auxquelles ils ont plus ou moins travaillé par eux-mêmes et qui portent la marque de leur inspiration et de leur main. Tels furent Dihl, Nast et Dagoty qui au début du siècle rivalisèrent avec Sèvres et furent les céramistes les plus en vue de la période napoléonienne*. Cela est plus

---

* On admire les dorures et les bleus cendrés de Nast (vase avec le sujet peint de *Stratonice*, collection Marmottan). Dagoty est l'auteur d'un magnifique service à dessert donné par Napoléon à Marescalchi, service qui est à Bologne. Après Nast, Dihl et Dagoty, il faut citer Schetcher, Stone, Halley, Coquerel, Legros (à Creil), etc. La porcelaine française est alors recherchée et imitée dans toute l'Europe, à Florence et à Bruxelles, qui sont devenues des chefs-lieux de département français, à Capo di Monte près Naples comme à Vienne et à Berlin. Des ouvriers français, principalement après le traité de Tilsit, allèrent porter à Pétersbourg les procédés de Brongniart. — Un rapport du Préfet de Police (voy. Aulard, *Paris sous le Consulat*) contient une intéressante anecdote sur Nast. L'an X fut marqué par une disette dont s'occupa

vrai encore des céramistes qui, travaillant individuellement comme le ferait un sculpteur ou un peintre, ne produisent que des pièces originales où ils cherchent avant tout à affirmer leur personnalité. Tels sont de nos jours Thesmar, véritable orfèvre, avec ses émaux retenus dans des filigranes d'or et incrustés dans la pâte tendre ou le grès ; Chaplet, grand chercheur, que nous retrouverons parmi les faïenciers ; Grandhomme, Doat qui, comme Thesmar, pouvaient aussi bien exposer dans la classe de l'orfèvrerie que dans celle des arts de la terre ; Dammouse, excellent dans le décor au grand feu, genre qui ne souffre pas la médiocrité, car la couleur ne peut y compenser l'insuffisance du dessin.

beaucoup le gouvernement consulaire. Nast qui demeurait rue des Amandiers, par conséquent dans un quartier populaire, réunit ses ouvriers à la fin de novembre 1808 et leur dit : « Le pain est bien cher, particulièrement pour vous, mais il le deviendrait davantage que vous ne le paierez que douze sols ; voilà des cartes avec lesquelles vous pouvez vous présenter chez vos boulangers respectifs ou chez le mien. J'acquitterai le surplus du prix de votre pain. Je ne vous demande pas de remerciements, mais de la bonne conduite, de la tranquillité et de l'amour du travail ».

Fig. 328. — Zone décorative d'une tasse, Limoges.

FIG. 329. — Imitation moderne de la céramique rouennaise.

CHAPITRE IV

LA FAÏENCE

LES ANCIENNES FABRIQUES. — NEVERS. — MONTEREAU, QUIMPER, LUNÉVILLE, SAINT-AMAND-LES-EAUX, ETC.

La faïence, qui avait d'abord beaucoup souffert de la concurrence de la porcelaine, même pour la production commune, devait, après une période de crise, reprendre son importance non seulement commerciale, mais artistique. De nombreuses faïenceries déjà connues se sont maintenues ou relevées. Nevers avec les Montagnons* qui reprirent en 1875 l'établissement des Signoret, Quimper avec la Hubaudière**, Lunéville, avec Keller et Gué-

* Voy. ci-dessus, p. 28.

** Quimper, et les fabriques de la région doivent en grande partie la persistance de leur prospérité à ce fait que ces fabriques se recrutent elles-mêmes sans artistes venus du dehors, qu'elles ont conservé les vieilles traditions d'apprentissage où l'art est appris en même temps que le métier et dans la mesure où il est utile à

rin*, Saint-Clément avec Thomas, Creil et Montereau avec Hall. A Saint-Amand-les-Eaux, Maximilien-Joseph de Bettignies fonda en 1816 une nouvelle manufacture qui s'adonna surtout à la porcelaine tendre. Mais lorsque Bettignies dut abandonner la direction, ses successeurs renoncèrent à la porcelaine tendre pour la faïence fine.

SARREGUEMINES. — CHOISY-LE-ROI.
FABRIQUE DE FRANÇOIS PIRANESI A PARIS.
LES FABRIQUES DE PROVENCE.

Sarreguemines fondée dans les dernières années du xviiie siècle (1780), était une des plus importantes faïenceries de la France, lorsque le traité de Francfort (1871) la donna à l'Allemagne **. Mais elle a créé, en 1876, à *Digoin*, une succursale qui lui a maintenu son rang dans l'industrie française. D'autres fabriques appartiennent exclusivement au xixe siècle. Au moment ou dominait la passion du classique, le célèbre dessinateur et graveur italien *François Piranesi* (1748-1810), qui était venu habiter en France, fondait à Paris une manufacture de vases peints, trépieds, candélabres en terre cuite à l'imitation des poteries étrusques et grecques. Cet établissement eut peu de durée. Il n'en est pas de même de la fabrique de *Choisy-le-Roi*. Établie en 1804 dans un ancien château construit par, Mansard, elle a pris une extension nouvelle depuis 1865, année où elle passa sous la direction d'Hippo-

la profession. L'art agit ainsi sur l'esprit des plus jeunes apprentis dès l'origine de l'apprentissage et leur rend le travail professionnel plus intéressant et par là plus fructueux. Ce n'est pas que nous condamnions les écoles spéciales; mais elles ne suffisent pas.

* On inaugura solennellement le 24 Juin 1882 les nouveaux bâtiments ajoutés à la fabrique.

** Elle comptait déjà, en 1855, sous la direction de Utzschneider, 1100 ouvriers. — Voy. aussi ci-dessous, p. 239 et 240.

lyte Boulenger. Comme Sarreguemines, elle exécute avec une égale supériorité les produits les plus divers depuis les pièces de service, jusqu'aux objets nécessaires à l'industrie, depuis les tuiles jusqu'aux œuvres monumentales*. En Provence, où il n'est plus question de Moustiers, les faïences vertes de *Vallauris*, où Perret a succédé à Jérome Massier, rappellent, en plus clair, les anciennes faïences du Beauvaisis; la faïencerie du *Mont Chevalier* à *Cannes*, dirigée par Castel, Lambert et Rizzo, donne des produits variés et tout à fait artistiques : faïences genre Vallauris mais avec une terre plus imperméable, grès flambés, barbotines, fleurs émaillées, etc. Citons aussi *Saint-Zacharie* près de Saint-Maximin, *Biot* et *Salernes*. Au début du XIXᵉ siècle, *Longwy* avait le monopole des soupières destinées aux pupilles de la Légion d'honneur, soupières exécutées sur les indications et peut-être d'après le dessin de Napoléon lui-même.

GIEN. — BLOIS. — IMITATIONS DU XVIᵉ SIÈCLE.

Gien, fondée en 1820, par le même Hall, qui avait participé à la fondation de Montereau, ne produisit d'abord que « des objets d'utilité domestique avec de grosses fleurs largement traitées au pinceau. »

Mais à partir de 1856, elle obéit à des préoccupations plus artistiques, quoique en employant le procédé de l'impression, et imite les décors de Marseille, de Delft, surtout de Rouen. Elle s'accrut beaucoup sous la direction de Gondouin et exposait en 1889, le résultat d'un véritable tour de force : un vase de faïence forme potiche d'un seul mor-

---

* Boulenger, le premier, avec le secours de Ch. Feil, a réalisé sur faïence les flammés de cuivre qu'on n'avait obtenu jusque-là que sur la porcelaine.

ceau de 3 mètres de haut et de 1 m. 20 de diamètre. « Ce vase décoré et doré a dû subir cinq feux. Il a été fabriqué dans le four même où il devait être cuit et, pour lui donner les petits feux de décor et d'or, on a dû construire dans le four même une seconde enveloppe en forme de moufle*. »

Nous avons remarqué que le décor rouennais, quoique du xviiiᵉ siècle, se rapproche du style de la Renaissance. Le style xviᵉ siècle se montre mieux qu'à Gien, dans les œuvres exécutées à *Blois* par Ulysse Besnard dit Ulysse, et son émule plus récent, Gaidan de *Paris*, qui s'inspire avec bonheur des modèles d'Urbino. Avisseau, Barbizet et Pull imitaient les « figulines » de Bernard Palissy. Jouneau, à *Parthenay*, faisait des pièces à pastillages et à incrustations, dans le genre de Saint-Porchaire, fabrication pratiquée aussi à Choisy-le-Roi**.

Deck. — Collinot. — Gallé. — Décor persan. Procédés variés de décoration.

Ces décorations étaient sans doute fort délicates; mais elles manquent d'ampleur, et l'effet en est restreint. C'est alors que, à peu près en même temps, Théodore Deck, Poyard, et Collinot, songèrent à tirer parti du décor persan. Collinot fit de magnifiques vases de ce style avec décors en relief. Mais il fut dépassé par Th. Deck qui ne s'en tint pas à cette imitation et n'en fit que le point de départ de progrès nouveaux. Th. Deck est aussi bien le faïencier universel et, s'il fallait choisir un nom pour caractériser la faïence française au xixᵉ siècle, c'est le sien

---

* L'empereur Vitellius, dit Pline, fit faire au prix d'un million de sesterces (environ 260 000 francs) un plat pour lequel il avait fallu construire un four en rase campagne (*Hist. nat.*, liv. 35, chap. 46).

** Voyez ci-dessus, p. 50.

qui se présenterait tout d'abord à l'esprit. A l'Exposition de l'Union centrale des Arts décoratifs (1865), on remarquait ses reliefs appliqués sur fond coloré. En 1867, il exposait des œuvres originales signées d'artistes de renom, Hamon, Ranvier, Reiber, Mme Escalier, Legrain, Gluck, Anker. En 1877, il commence à appliquer l'or sous émail; en 1878, il nous fait voir de magnifiques tableaux sur faïence : *la Peinture* et *la Gravure* d'après Ehrmann*.

A côté de Deck, il faut placer Émile Gallé de *Nancy*, dont l'action s'est fait sentir également sur l'ébénisterie et la verrerie. Nous n'avons à nous occuper que du céramiste. Voici comment le jugeait le rapporteur de l'Exposition de 1878. « M. Gallé, dit-il, présente un petit nombre de pièces, toutes différentes et montrant l'application d'une idée originale exprimée avec les procédés les plus variés. L'émail stannifère est employé par M. Gallé de manière à mettre en valeur les qualités propres de cet émail, en opposant sa douceur de coloris et sa suavité au grain mat des biscuits teintés par des oxydes ainsi qu'aux effets transparents des glaçures colorées ». Le rapporteur admire dans l'œuvre de l'artiste nancéen la variété de ses couleurs, l'infinité de ses nuances à côté des tons francs, ses effets métalliques discrets sous couverte colorée, la coloration diverse des pâtes. Il y signale les pièces céramiques avec effets de gravure à l'acide et à la roue, les enfumages d'émaux stannifères développés dans une atmosphère charbonneuse, les silhouettes en glaçures noires sur fond mat et détaillées à la pointe de diamant. Cette énumération suffit à donner une idée de la richesse de moyens dont dispose aujourd'hui le céramiste.

* Th. Deck a été directeur de Sèvres, de 1887 jusqu'à sa mort, 1891. Son frère, Xavier, lui succéda dans sa manufacture privée.

LES ARTISTES ISOLÉS. — LACHENAL, CHAPLET, MME MOREAU, DELAHERCHE, ETC.

Quelle qu'ait été l'influence encore bien vivante de Gallé, celle de Th. Deck qui l'a précédé a été plus générale et ce n'est pas son moindre mérite que d'avoir par ses exemples et ses succès fait naître des émules. Lachenal, son ancien chef d'atelier, est un de ces ouvriers-artistes, comme on les voyait autrefois, travaillant seul, à la fois sculpteur, mouleur, peintre, dessinateur. Tel est aussi le caractère de Cazin, Milet, Optal, Dalpayrat, Chaplet, Max Caudet, Baudoin. Caudet (à Salins), a célébré le plus illustre de ses compatriotes dans les plats représentant la *maison de Pasteur à Dôle*, le portrait du savant entouré de médaillons rappelant ses découvertes ou encore le pasteur Aristée près d'une ruche. Baudouin, à Saint-Briac (Ille-et-Vilaine) imite, dans ses formes, les corolles des fleurs et applique sur la pâte, sonore et dure, faite d'argile de sable siliceux et de verre pilé « toute la brillante palette des émaux alcalins ». Chaplet, employé dans la fabrique Laurin, contribua à l'invention vers 1872 de la faïence sous couverte (faïence engobée, dite barbotine), procédé appliqué industriellement à Montigny-sur-Loing (sous la direction de Schopin), et qui peut produire des œuvres supérieures comme l'ont montré, par exemple, l'inventeur lui-même, Mme Escallier et Mme Adrien Moreau.

Mme Adrien Moreau, simple amateur, « une bourgeoise » comme pourraient dire les artistes avec quelque dédain, a exécuté des poteries qui compteront parmi les plus parfaites et les plus artistiques de notre temps. D'une fortune indépendante, libre de son temps, « elle prépare elle-même ses terres, qu'elle fait venir de divers pays, de Vallauris comme de Saint-Yrieix, cherche et trouve des formes, invente, dessine et décore tous ses produits » (Dubouché).

C'est aussi un travailleur à peu près isolé que M. Delaherche qui a exposé en 1900, avec grand succès, des grès d'un nouveau genre, et remarquables par l'union intime de la forme ou de la couleur. « M. Delaherche, dit M. Vogt, ne laisse qu'un rôle effacé aux hasards du feu : les anses, les nervures, les gaudrons qu'il dispose sur ses vases servent non seulement à les décorer, mais encore à diriger les couvertes dans leurs coulées et à les obliger malgré leur allure vagabonde à produire les effets qu'il attend* ». Avouons cependant que, avec le *snobisme* actuel, le danger qui menace l'art de Delaherche et de ses imitateurs est de laisser aller les choses à l'aventure, quitte, lorsque l'essai est complètement manqué et qu'on est arrivé à un résultat confus et barroque, à soutenir hardiment que l'on a fait exprès**.

LE GRÈS. — ZIÉGLER. — CARRIÈS.

M. Delaherche est un de ceux qui ont le plus contribué à remettre le grès en honneur. Il partage ce mérite avec son prédécesseur Ziégler, avec son contemporain Carriès.

* Rapport du Jury international (1900). Déjà le jury de 1889 lui décernait une médaille d'or. « Les craquelés, — disait-il, — produits par des engobes ne s'accordant pas avec la terre à grès, et dont toutes les gerçures sont remplies de matière colorante, sont très ingénieux. Ils sont recouverts d'une glaçure qui ne gerce pas ».

** Ne quittons pas la faïence sans donner un souvenir à une petite fabrique que nous avons connue et qui risquerait d'être oubliée; nous voulons parler de celle que M. et Mme Fischer avaient établie en 1861 à *Oloron-Sainte-Marie* et où ils imitaient, avec un talent naïf, des corbeilles ornées de fruits et de fleurs aux couleurs naturelles. Ils se sont rendus ensuite à *Monaco*, où leur modeste travail s'est perdu au milieu de la fabrique plus considérable, établie vers le même temps dans la petite principauté.

Ziégler, peintre très réputé, auteur de l'abside de l'église de la Madeleine, ne craignit pas, à partir de 1839, d'employer son temps à modeler des vases de terre et de grès, sans peur de déchoir. Joignant la théorie à la pratique, il publiait un ouvrage intitulé : *Recherche des principes du beau dans l'art céramique, l'architecture et la forme en général* (1850). Il avait fondé une fabrique à *Voisinlieu* près de Beauvais. Il recherchait le secret de ces fameux *Vases murrhins* dont parle Pline et Th. Gautier, dans l'*Artiste* (1857), le compare à un alchimiste. Le musée de Beauvais contient une intéressante collection de *grès bronzés de Voisinlieu* exécutés d'après les dessins et sous la direction de Ziégler. Carriès, sculpteur déjà connu et apprécié, s'attaqua au grès comme il s'était attaqué au bois, au marbre ou au bronze, et il se passionna pour ce nouveau genre de travail. Après sa mort, ses ateliers de *Saint-Amand-en-Puysaye*, et de *Montriveau* ont été repris par Hæntschel qui a donné à la ville de Paris les œuvres de Carriès qui y étaient réunies*. Ces travaux ont attiré l'attention sur les qualités décoratives du grès et ont contribué à développer ses applications architecturales.

---

* Des grès satiriques furent fabriqués dans le Beauvaisis entre 1840 et 1850. Ils caricaturèrent surtout Thiers et le président Dupin. Sur Carriès, voir les *Mélanges artistiques*, de M. Lapauze, 1905. Alaphilippe a exposé en 1908 une statue de grandeur naturelle en grès avec mélange de bronze : *la Dame au singe*. — Le grès cérame qu'il ne faut pas confondre avec la pierre de grès, est une espèce de terre glaise naturellement mêlée de sable fin avec laquelle on fait des poteries dites de grès dont la pâte est dense, opaque, sonore, très dure et qui peut se passer de glaçure ou en recevoir une. Le grès cérame, diffère donc de la faïence d'abord par l'introduction du sable dans l'argile; en second lieu parce que la pâte est plus fine, plus dense, très dure, sonore; enfin le grès est soumis à une cuisson plus forte et plus prolongée. Ce genre de fabrication semble originaire de l'Allemagne : il était pratiqué à Ratisbonne dès le VIIIe s. après J.-C.

CHAPITRE V

CÉRAMIQUE ARCHITECTURALE

La faïence et le grès. — Pichenot. — Loebnitz.
Parvillée. — Utzschneider. — Sèvres.

Parmi ceux qui ont contribué à la renaissance de la céramique monumentale, une grande place doit être faite à Jules Lœbnitz qui prit, en 1857, la maison fondée en 1833 par son aïeul Pichenot. En 1841, Pichenot avait commencé la fabrication de panneaux de faïence ingerçable pour intérieur de cheminées et revêtement divers. C'est donc à lui qu'il faut reporter, pour le xixe siècle, l'origine de ce genre de décoration, propre, gaie, artistique et hygiénique, qui de nos jours, a fini par avoir tant de

succès et être employé même à l'ornementation de res-
taurants populaires (plantes et fleurs, animaux, sujets).
Le prix d'achat n'a pas tardé à diminuer par suite de
l'extension de la vente et d'ailleurs, les panneaux, une fois
placés, sont d'une grande solidité et d'un entretien facile.

De la fabrique Pichenot sortirent en 1849 les sujets peints
par J. Devers, d'après les dessins de Cornu, et qui ornent
depuis 1851 la façade de l'église de Saint-Leu-Taverny*.

En 1878, la porte monumentale du palais des Beaux-
Arts, faisait dire au rapporteur du Jury, A. Dubouché,
que rien dans l'exposition n'était beau comme cette porte.
J. Lœbnitz avait eu l'idée de mélanger de la simple terre
cuite et de la terre émaillée ou dorée sur la même pièce.
En 1889, J. Lœbnitz, sans parler de ses grands vases de
jardin, contribuait à la décoration du palais des Beaux-
Arts et du palais des Arts libéraux. En 1900, son fils
continuait ses succès en exécutant les parties en terre
cuite du pavillon de la Grèce, élevé sur les plans de
M. Magne et la fontaine monumentale de M. Paul Sédille.
Plusieurs autres fabricants ont suivi heureusement les

---

* Nous ne pouvons parler longuement ici des tableaux sur faïence.
Disons cependant que la peinture sur émail cru en poussière
(genre de travail tout à fait analogue à la fresque) a une hardiesse
qu'on ne retrouve dans aucune autre peinture céramique. Au seul
salon de 1868, il y avait une cinquantaine de faïences de ce genre.
À côté des admirables paysages de Michel Bouquet, auxquels on
n'a pas encore rendu justice et de deux plaques de Jean Paul
Laurens, on y remarquait, les œuvres de Carrier, de Paul Balze,
d'Anker, d'Ehrmann, de Mme Malcor, de Mlle Saint-Aubin, de Léon
Herpin, de Quest, etc. Rappelons aussi les émaux sur lave de
Devers (dès 1849), de Sattler, de Paul Nicod (portail de l'église
Saint-Gervais, à Rouen), de Paul Balze, auteur de la *Vision d'Ezé-
chiel*, du *Christ bénissant*, de la Magliana, et du *Triomphe de Gala-
thée* (avec son frère Raymond) d'après Raphaël, surtout de Jollivet,
dont plusieurs sujets décorèrent pendant quelque temps le porche
de Saint-Vincent de Paul et qui exposait en 1863 une *Madone entre
saint Joseph et saint Simon* et une *Jeune Grecque surprise au bain*.

traces de Lœbnitz. Parvillée, qui trouve dans ses fils ses meilleurs collaborateurs, s'inspire du style persan. Il conçut la façade de l'Exposition de 1878, exécutée par Émile Muller, d'*Ivry*. Émile Muller, fabriqua en 1889, pour couvrir le dôme du palais élevé par M. Formigé, des tuiles qui n'ont pas moins de 620 modèles différents.

Les fabriques de la maison Utzschneider à *Sarregue-mines* et à *Digoin*, se sont également placées au premier rang dans la céramique architecturale, aussi bien que dans la faïence usuelle et leurs faïences de revêtement ou de parement (fleurs, animaux, paysages, personnages, sujets, fantaisies ornementales), ont largement contribué à leur importance artistique comme à leur prospérité commerciale*. Virebent, de *Toulouse*, exposait en 1878 une imitation en bas-relief du couronnement de la Vierge de Fra Angelico. Elle est placée aujourd'hui au-dessus du portail de l'église de la Dalbade. Les frères Gilardoni qui, propriétaires d'une fabrique à *Altkirch* (Alsace), ont fondé après 1871 une fabrique nouvelle à *Bois-le-Roi*, commune de Pargny-sur-Sambre exposaient, en 1900, un portique monumental en terre cuite de couleur naturelle.

Mais, à part ce portail et certaines parties du pavillon de la Grèce, dont nous avons déjà parlé, ce n'est pas la terre cuite ou la faïence proprement dite qui, en 1900, occupa la première place dans la céramique architectu-rale, c'est le grès. C'est ce que montrèrent les carrelages

---

* Voir les échantillons réunis au musée décoratif du Pavillon Marsan. Ce musée contient une collection céramique fort riche à laquelle nous aurions pu plus d'une fois renvoyer. On voit au château de Saint-Roch, entre Castel-Sarrazin et Auvillar, un dallage fort artistique dont Olivier Marsan a donné les dessins. Signalons aussi les autels en terre cuite de style gothique faits à Le Magny-Fouchard près Vandeuvre (Aube) par un artisan local sous la direc-tion du curé de la paroisse (*Annales archéologiques*, 1844).

de la maison Boch*, de la Société de *Paray-le-Monial* (dirigée par H. Boulenger) et de la maison Oustau de *Tarbes* — les grès dits de Ravernay, très durs et particulièrement inaltérables à l'atmosphère**, exposés par l'usine Utzschneider, de Digoin, — la frise des animaux de la porte monumentale et la frise de la salle des fêtes exécutées par M. Bigot, un savant, un docteur ès-sciences qui se livra par goût à la céramique et y réussit plus qu'il ne pouvait l'espérer*** — les vases, le buste de Richelieu à la robe rouge, et le buste de vieillard de Dammouse, heureusement infidèle à ses porcelaines décorées au grand feu qui lui avaient valu ses premiers et grands succès, — enfin quatre œuvres sorties de la manufacture de Sèvres : un pavillon, une fontaine monumentale faite d'après le projet de M. Sandier et ornée de sculptures par M. Boucher, une cheminée monumentale de Paul Sédille, ornée de statues d'Allar, et la frise de 45 mètres de long, placée sur la façade du palais des Beaux-Arts, du côté de l'avenue d'Antin, exécutée d'après les cartons de Joseph Blanc (mort en juillet 1904) par les sculpteurs Baralis, Fagel et Sicard****. Mais, grès ou faïence, l'Exposition de

---

* La maison Boch a deux fabriques, l'une à *La Louvière*, en Belgique ; l'autre à *Louvroil-les-Maubeuge*, en France, cette dernière fondée en 1868.

** Remarquons cependant que la dureté initiale du produit n'est pas la mesure de la résistance à l'action destructive du temps.

*** Son atelier d'amateur de Paris dut être bientôt transformé en fabrique. Cette fabrique elle-même ne tarda pas à devenir insuffisante et, en 1897, il établissait une grande usine à *Mer* (Loir-et-Cher). En 1900, il obtenait un grand prix.

**** La fontaine est aujourd'hui aux Champs-Élysées. Une partie du pavillon a été placée au square Saint-Germain-des-Prés. Mais elle a été mise en applique sur un mur, ce qui fait qu'elle n'a plus de signification : car on ne s'explique plus la grande ouverture centrale. Citons aussi les chiens accroupis, en grès, d'après Gardet. au musée de Sèvres. Charles Haviland a fait également des grès à

1900 montrait que les applications de la céramique à l'architecture n'étaient pas moins en honneur qu'en 1878 et 1889. Parmi les causes qui avaient entretenu ce goût, il convient de rappeler la découverte, par M. et Mme Dieulafoy, des magnifiques frises persanes de Suse, et leur installation au Louvre.

Ainsi ce grand concours international de 1900 était à tous égards un triomphe pour la céramique française, qui attestait sa vitalité et sa supériorité aussi bien dans l'industrie privée que dans sa manufacture nationale de Sèvres. C'était la conclusion légitime d'efforts poursuivis pendant plusieurs siècles.

Ce succès indiscuté permettait de constater une fois encore combien notre race trouvait, dans l'art du potier, mieux même que dans des arts plus haut classés, l'occasion de manifester ses qualités caractéristiques et de montrer qu'elle sait unir la hardiesse et la persévérance, l'imagination et la méthode, la fantaisie et le goût, l'art et la science.

son annexe d'Auteuil (*Artistes et praticiens de l'atelier Haviland à Auteuil* (1882), panneau de grès par Ringel, au Musée de Sèvres) : mais il a abandonné cette fabrication.

<hr>

ADDENDA

I. — La Bible signale déjà les multiples préoccupations du potier. (*Ecclésiastique*, XXXVIII, v. 32-34.) « Le potier s'assied près de son argile; il tourne la roue avec ses pieds, il a un soin continuel de son ouvrage et il ne fait rien qu'avec art et avec mesure. Son bras donne la forme qu'il veut à l'argile après qu'il l'a remuée et rendue flexible avec ses pieds. Son cœur s'applique tout entier à donner la dernière perfection à son ouvrage en le vernissant et il a grand soin que son four soit bien net. »

II. — Le célèbre historien italien Ferrero, dans le discours prononcé par lui à Alesia en 1908 et où il montre le grand rôle que la Gaule a joué dans la civilisation du monde romain, signale l'importance de la céramique gauloise qui était assez estimée pour être l'objet d'une exportation lointaine. Il rappelle que M. Déchelette a pu démontrer que beaucoup de vases, en apparence grecs, qu'on a trouvés dans les diverses provinces de l'Empire, en Italie et à Pompéi même, avaient été fabriqués en Gaule, et il ajoute avec raison que c'est là une des découvertes les plus considérables que l'archéologie ait faites depuis cinquante ans.

III. — On savait par Vitruve que les anciens mettaient des poteries dans leurs murs, notamment dans les théâtres, pour faciliter l'acoustique. Le procédé fut aussi employé au moyen âge, surtout pour les églises. On en a la preuve notamment pour l'église Saint-Blaise à Arles (en 1280), et pour le couvent des Célestins de Metz. En 1432, le prieur des Célestins Ode Leroy « fit ordonner de mettre des pots au cuer (chœur) de l'église de céans portant qu'il avait vu aultre part en aucune église, pensant qu'il y fesoit meilleur chanter et qu'il cy résonneroit plus fort, et furent mis en ung jour. On prit tant d'ouvriers qu'il suffisait ».

IV. — Vauquelin a fait sur une faïence de Palissy une petite poésie qui imite l'épigramme de Martial sur des poissons ciselés par Phidias (*adde aquam; natabunt*) :

> Voici d'une main Phydienne,
> En la Poterie ancienne,
> Des poissons au vrai imitez.
> Que si de l'eau vous apportez,
> Aussitôt qu'ils la sentiront
> Dans le bassin ils nageront.

V. — La nouvelle porcelaine tendre inventée à Sèvres en 1907 a déjà fait ses preuves. Suivant l'opinion autorisée de M. Camille Bernard, elle a les avantages de l'ancienne porcelaine tendre au point de vue du décor et du glacé des couleurs. Elle a sur l'autre la supériorité de pouvoir se façonner et se cuire presque aussi facilement que la pâte dure.

DATES DE LA FONDATION DES ATELIERS

CARACTÉRISTIQUES

MARQUES ET MONOGRAMMES

DE

CINQ CENT TROIS

Fayences Françaises

| 1 à 3 | **AIRE** (*Pas-de-Calais*). — 1730. — Fleurs dessinées au trait noir, à plats de couleurs, violet et camaïeu, jaune. |

1	2	3

| 4 | **ANCY-LE-FRANC** (*Yonne*). — 1765. — Sujets mythologiques. Fleurs. Peintures et dessins grossiers.
(Imitation des faïences de Nevers, époque de la décadence). |

| 4 | *B. Menuisier* |

| 5 | **ANGOULÊME** (*Charente*). — 1750? — Faïences communes, bel émail, couleurs pâles. — Imitation des décors ordinaires des faïences de Moustiers, Rouen et Sinceny. |

| 5 | V.S.D ET F 28 Aout 1784 |

| 6 à 18 | **APREY** (*Haute-Marne*). — 1750. — Bouquets de fleurs, oiseaux en *terrasse* (fonds de paysage) pour la plupart décorés par Jarry. — Les formes élégantes, sont, en général, empruntées à l'orfèvrerie. |

6	7	8bis
	8	

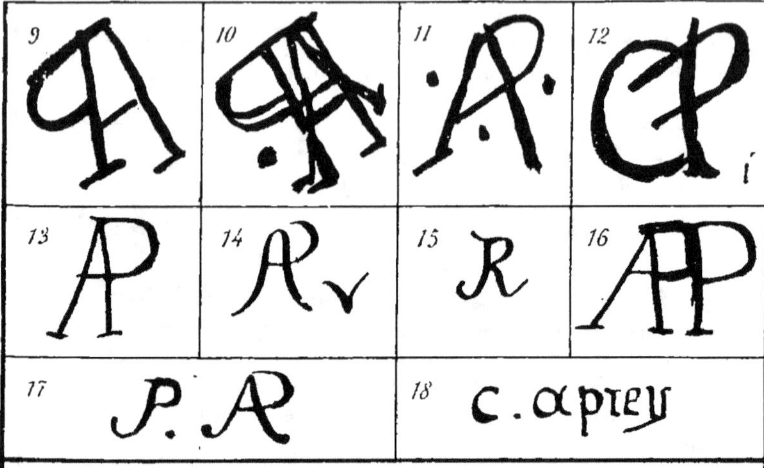

APT (*Vaucluse*). — 1747? — Poteries à vernis marbrées, obtenues par le mélange de terres rouge, brun, vert, jaune, et poteries à vernis jaune. (Voir CASTELET.)

ARBOIS (*Jura*). — 1786. — Décoration commune, dans le genre de celle des faïences à sujets patriotiques.

ARDON (*Tarn-et-Garonne*). — 1737. — Décoration empruntée à Bérain et d'une exécution moins soignée que celle des faïences de Moustiers. Quelques pièces sont décorées dans le goût des Nevers et des Rouen.

AUBAGNE (*Bouches-du-Rhône*). — 1785. — Décor imitant celui des faïences de Moustiers et de Marseille. Sujets religieux, décor polychrome, en faïence blanche, entourés de moulures peintes.

24 | **AUDUN-LE-TICHE** (*Meurthe-et-Moselle*). — 1748. — Vases et services de table de formes élégantes. Décors de fleurs et fleurettes. Statuettes et groupes en biscuits, pâte tendre.

24

F. BOCH _ VALETTE

ANVILLAR (*Tarn-et-Garonne*). — 1735. — Décoration commune, empruntée aux décors des faïences de Moustiers, de Varages et de Rouen.

25 | **AUXERRE** (*Yonne*). — 1785. — Produits ordinaires, imitation des faïences de Nevers de la décadence.

25   *Fayence d'Auxerre. Au Capucin*

AVIGNON. — Début du XVIe s. — XVIIe s. Poteries élégantes, terre rouge à vernis brun, ornements souvent en relief recouverts d'or patiné. — XVIIIe s. Faïences à émail brillant, tons doux souvent avec paysages, imite aussi Moustiers.

AVON, près Fontainebleau. — Fin du XVIe et commencement du XVIIe siècle. Fabrique surtout des jouets d'enfant, des statuettes et des pièces à relief; imitation de Palissy. (Voir pages 21 et 42.)

BAILLEUL. — Début du xviiie s. Faïences fond' bleu persan décorées en blanc, imite aussi Rouen.

BEAUVAIS. — xiiie s. Poteries à vernis vert uni ou jaspé. Poteries azurées du xvie s. Emploi architectural.

BELLEVUE près Toul. — 1758. Faïences émaillées (surtout terre de pipe), biscuit, statuettes de Cyflé; grandes figures en terre cuite peinte; se rattache à Lunéville et imite Strasbourg.

BERGERAC. — 1758. Fabrication genre Strasbourg.

BLOIS. — Seconde moitié du xixe s. Imitation de la renaissance italienne.

| 26 à 30 | **BORDEAUX.** — 1714. Décor imitant Rouen, Nevers, Marseille, surtout Moustiers; bleu de mauvaise qualité, rouge absent. Récipients à forme d'animaux ou de figure humaine; quelques céramiques architecturales (horloge de la Bourse de Bordeaux par Hutin, 1750). |

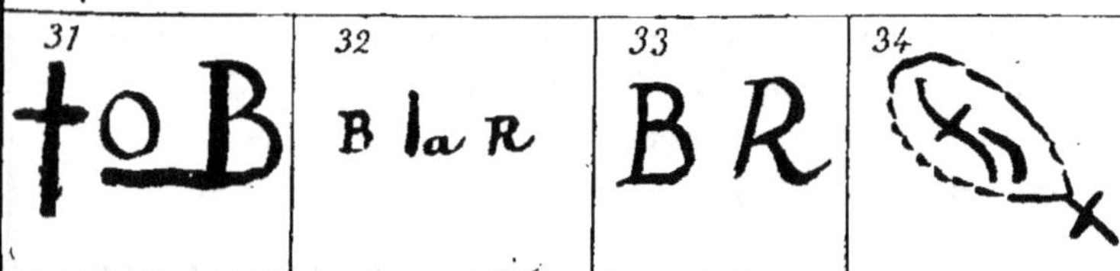

| 31 à 37 | **BOURG-LA-REINE.** — 1774. Faïence fine, imite Sceaux, surtout pour les formes, Strasbourg pour formes et décors. |

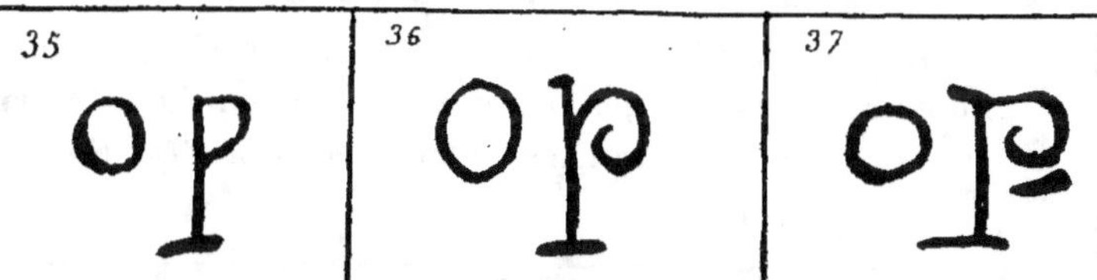

35	36	37

BRIZAMBOURG (Charente-Inférieure). Fondée sous le patronage d'Henri IV. Enoch André, maître faïencier. Pas de pièce certaine. Faïences veinées de marbrures brunies ou vernissées vert uni.

CASTELET (*Vaucluse*). — 1758. — Poteries de couleurs variées souvent confondues avec celles d'Apt.

38	**CASTILLON** ou **CASTILHON**. — Fin du xviiie s. Décor en camaïeu, imite Moustiers.

38	*Castillon*

39 à 42	**CHAUMONT-SUR-LOIRE**. — 1750. Médaillons en terre cuite dits de Nini (voir ci-dessus, page 142).

39	40	41	42
NINI	NINI.F.	NINI F.1777	J.B.NINI

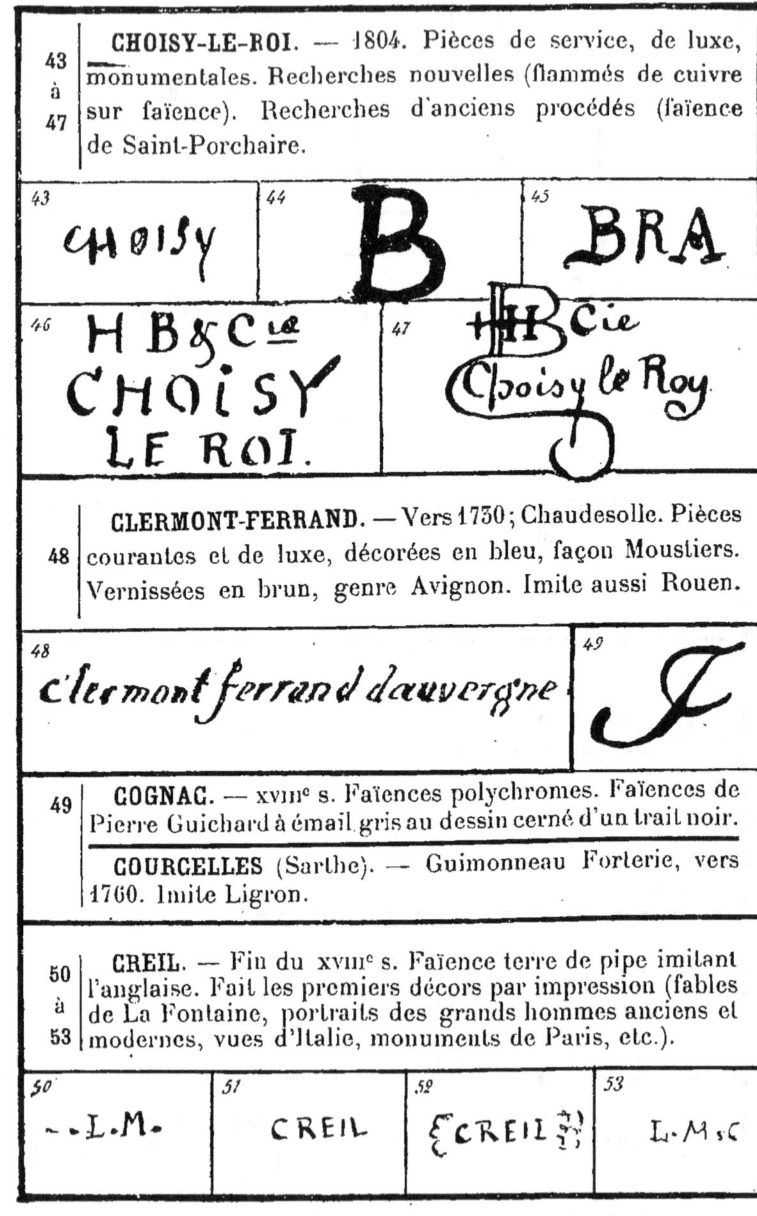

43 à 47	**CHOISY-LE-ROI**. — 1804. Pièces de service, de luxe, monumentales. Recherches nouvelles (flammés de cuivre sur faïence). Recherches d'anciens procédés (faïence de Saint-Porchaire.

43	44	45
CHOISY	B	BRA
46	47	
H B & Cᵉ CHOISY LE ROI.	HB Cie Choisy le Roy	

48	**CLERMONT-FERRAND**. — Vers 1730; Chaudesolle. Pièces courantes et de luxe, décorées en bleu, façon Moustiers. Vernissées en brun, genre Avignon. Imite aussi Rouen.

48	49
clermont ferrand dauvergne	J

49	**COGNAC**. — xviiiᵉ s. Faïences polychromes. Faïences de Pierre Guichard à émail gris au dessin cerné d'un trait noir.
	COURCELLES (Sarthe). — Guimonneau Forterie, vers 1760. Imite Ligron.

50 à 53	**CREIL**. — Fin du xviiiᵉ s. Faïence terre de pipe imitant l'anglaise. Fait les premiers décors par impression (fables de La Fontaine, portraits des grands hommes anciens et modernes, vues d'Italie, monuments de Paris, etc.).

50	51	52	53
L.M.	CREIL	CREIL	L.M.C

55   **DANGU**, près Gisors. — Vers 1750, par le baron de Dangu, louée à Pellevée peintre, Levesque mouleur, Vivien bourgeois de Rouen; dure peu, imite Rouen.

55   *Dangu 1759*

56 à 70   **DESVRES**. — 1732. Poteries communes à émail verdâtre. Décoration en camaïeu bleu ou en couleurs, où le violet manganèse domine. Cruches en forme de figure humaine assise.

56   *PS*

57   *DP*

58   *Caux*

59   *ƒ y*

60   *4P*

61   *DP*

62   *fait à Desvres le 10 December 1778 J. Vander Plas.*

63   *Francois Caux pt. 1785 Desvres*

64   *4P*

65   *G*

66   *ƒ*

67   *ƌ*

68   *h*

69   *y*

70   *CO*

71 et 72	**DIJON.** — 1669, par le Nivernais Dupont. Fabrication courante imitant Nevers. Quelques pièces de luxe de style rouennais. Grands pots à moutarde.

71	72
Dyon	*Dyon*

73 à 85	**DOUAI.** — 1781. Faïence ou grès blanc légèrement ivoiré. Imite l'Angleterre, principalement Leeds. Pièces treillissées à décors à jour, biscuits, grès rouges et noirs, terres jaspées.

73	74	75	76
W 2 x	BRA	DR/C	DC R

77	78	79
(croix)	4B 1B	(croix)

80	DOUAI

81	82
Leigh 1790	Martin Dammann

83	84	85
BLONDEL 1800.	(écusson)	HALFORT 1800.

86 à 88	**ÉPERNAY**. — Vers 1750. Terre brune vernissée. Terrines à couvercles, portant en demi-relief lièvres, volailles, fleurs de lys, etc.

86	87	88
Jean Montigny	EPERNAY	*F. Dufiez*

89	**ÉPINAL**. — François Vautrin, 1766. Faïences fines à fleurettes.

89
EPINAL

90	**GÉRARDMER**. — Pâte jaspée et marbrée, imitant Orléans et Apt.

90
GÉRARDMER

	GIEN. — 1820. Décors de grosses fleurs au pinceau. — 1856. Décor imitant Rouen, Delft et aussi Marseille.
	GOULT (Vaucluse). — Vers 1740. Imite Moustiers. Décors à médaillons rocaille enfermant des personnages. Décors, marques en creux dans la pâte.
91	**GOINCOURT** (Oise). — Martin, 1795. Décors au pochoir et à la vignette. Statuettes.

91
L'ITALIENNE

| 92 à 94 | **HAGUENEAU.** — 1696. Charles Hannong. — 1724. Imite Strasbourg. Plaques en camaïeu signées Lowenfick. |

92	93	94
H 3	H.E.V.LOWEFICK	ℋℰ

LA CHAPELLE-AUX-POTS, près Beauvais. — XIIIe siècle, puis XVIe siècle. Grès à reliefs vernissés en vert un peu clair et en bleu uni.

LA CHAPELLE-DES-POTS (Charente-Inférieure). — Poterie à relief à vernis jaune, vert ou jaspé. *Cloches* en forme de femmes à large jupe.

| 95 | **LA FOREST-EN-SAVOYE.** — Imite Turin. |

95	96 à 100	**LA ROCHELLE.** — Commencement du XVIIIe s. Fabrique Catarnet, 1721, imite Nevers, puis Rouen, Moustiers, Strasbourg et même Marieberg (fontaines et grands vases).
La Forest en Savoy		

96			97	98
I	B	3	A	A

99	100
I.B.	*La Rochelle* 1777

LE CROISIC. — Fabrique du Flamand Gérard Denugennes, xvie s. ; de l'Italien Horatio Borniola, 1627 : pièces blanches, godronnées, décorées de rinceaux et de fleurs, bleu et jaune citron.

101   **LES ISLETTES** ou **LE BOIS D'EPENSE**, 1785. — François Bernard. Eclat et franchise des tons : pourpre, cobalt pur, jaune vif, vert de cuivre. Sujets variés : corbeilles, oiseaux, sujets chinois, scènes familières, militaires.

101   *Bernard au Bois-d'Epense*

102 à 115   **LIGRON**. — Reliefs en jaspe pâle ; statuettes (p. 62) : xiiie s.

LILLE. — 1796, Jacques Féburier, puis 1729, Boussemaert. — 1711, Dorez. Imite Rouen et Delft. Décor polychrome, tons doux, style rocaille. — 1773. Faïence anglaise.

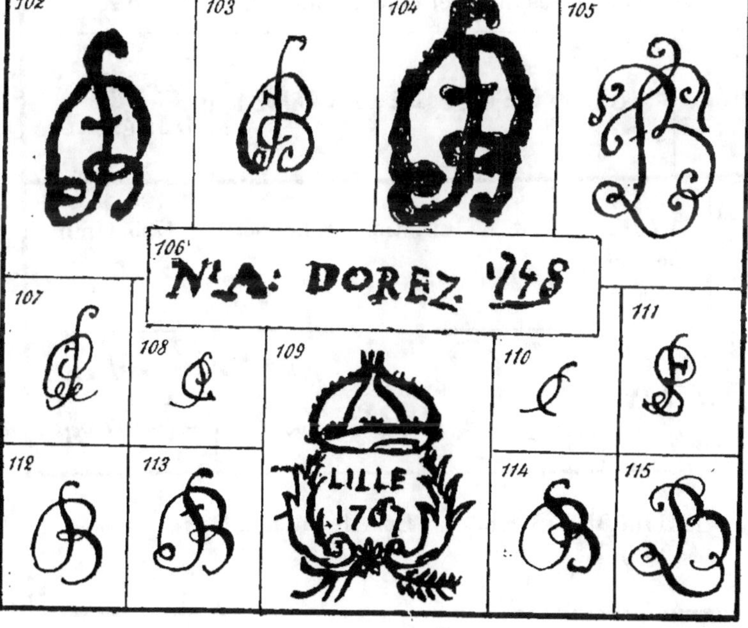

| 116 | **LIMOGES**. — Vers 1737. Massié. Imite Moustiers. Camaïeu bleu ou violet. |

| 116 | *Limoges. 1741.* |

L'ISLE D'ELLE (Vendée). — Pâte épaisse. Émail gris craquelé. Décor : un oiseau tenant une branche dans son bec.

| 117 à 120 | **LUNÉVILLE**. — 1730. Faïence et pâte blanche dite terre de Lorraine. Faïence à émail stannifère décoré au feu de moufle de fleurs imitant Strasbourg ou ornement bleu et or. Grandes pièces (lions et chiens couchés). Statuettes. |

117	118	119	120
K G	-K G.	TERRE DE LORRAINE	K-G LUNÉVILLE

| 122 à 123 | **LYON**. — XVIᵉ s. Imitation italienne. — 1733. Imite Moustiers. |

121	122	123
DAFFLOND.	*Lyon Cf*	morelan a la croix rouffa

MALICORNE (Sarthe). — Épis de faîtage. Terres vernissées, brun jaspé.

MANERBE (Calvados). — XVIe s. Épis de faîtage.

**124
à
134**

MARANS. — 1740. Pierre Boussencq. | Imite Rouen. Décor habituel : oiseaux, entre tiges de fleurs manganèse, posés sur tertres bleus. Imite Strasbourg (pourpre intense).

124

MARAN 1754

125 M R

126 R

127 MR

128 M

129 M

130 R

131 R

132 $\frac{S}{2.}$ MR

133 B 177°

134 M ‒S‒

MARIGNAC (Haute-Garonne). — 1737, par Lafue, dure quelques années. — Nouvelle fabrique par Pons, 1758.

135 à 164	**MARSEILLE**. — 1) 1681. Imite l'Italie, puis le premier Moustiers. — 2) Vers 1770. Email très blanc, formes et décors riches et élégants. Vert de cuivre transparent dit vert Savy. Scènes marines en camaïeu rose.

135

136

137

138

139

140

141

142

143

144	145	146	147
148	149	150	151
152	153	154	155
156	157	158	159

160	161	162
	FAB.que DeMars	R
	LaRoy	

| MANUFcture DE ROBERT ET ETIE A MARSEILLE — 163 | 164 Robert a Marsseille |

| 165 et 166 | **MARTRES TOLOSANE**. — Vers 1650. Décors polychromes fleurs et insectes. Pièces ajourées. |

| 165 MARIE THERESE LE.CONTE — FAITE A MARTRES LE 18 7bre 1775 | 166 MARTRES |

| 167 à 170 | **MATHAUX** ou **MATHAULX** (Aube). — 1751. Le baron de Mathaux. Les peintres Debray et Dorez. — Trois périodes : 1) genre rouennais ; 2) genre nivernais ; 3) genre Lorraine ; — disparaît 1800. |

167	168	169	170
M.	·M·	·M·	MATHAVLX

| 171 à 173 | **MEILLONAS** (Ain). — 1761. Mme de Marron, baronne de Meillonas ; le peintre Pidoux : fleurs, oiseaux au long bec, guirlandes enrubannées entourant paysages et sujets. |

171	172	173
AR	PIDOUX	Pidoux à Miliona

| 174 | **MENNECY-VILLEROY.** — 1734. Style original se rapprochant d'abord du Rouen. |

174
D·V

| 175 | **MEULAN.** — Première moitié du XVIIIe s. Décor bleu rayonnant façon Rouen. |

175
fait à Meulent Septembre 174

176 à 179	**MONTAUBAN.** — 1770. A. Lapierre. Services polychromes avec marli blanc ou jaune. Couleurs franches. — Fabrique de Garrigue, dite faïencerie de Pomponne. Décor polychrome sur émail blanc très pur.

176	177	178	179

180 à 184	**MOULINS.** — Style pseudo-chinois polychrome (plat à décor de figures, fleurs et oiseaux au Musée de Sèvres).

180	181	182

183	184

185 à 217	**MOUSTIERS.** — Vers 1650. Caractères généraux (voir p. 96). — Périodes. — 1) Pièces à sujets pleins (chasses, histoire sainte, etc.), bordure de style antique. Fond d'un beau blanc mat, décor bleu intense. — 2) Mêmes sujets, bordure du style Bérain. — 3) Compositions centrales à baldaquins, games, figures détachées. — 4) En partie contemporaine de 3). Email vitreux. Décor bleu céleste très doux, compositions mythologiques. — Le dernier four de Moustiers s'est éteint en 1874.

185	186	187	188

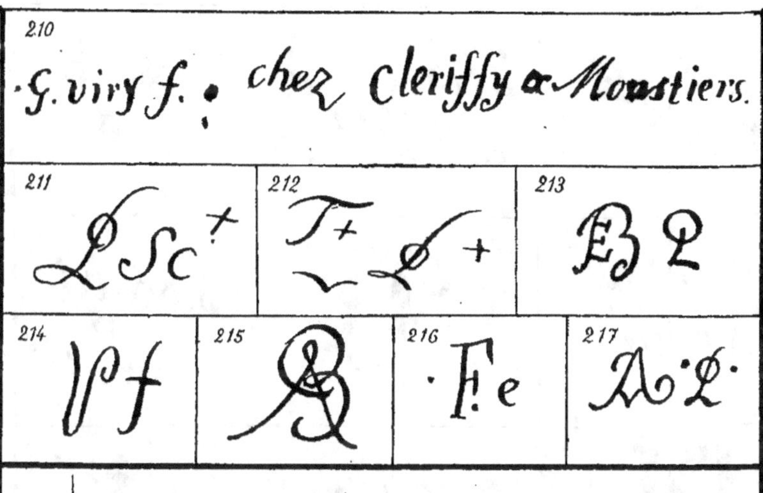

210

211   212   213

214   215   216   217

218   **NANTES**. — Les Italiens Ferro (1588), Rubé (1625). — Fabrique Leroy de Montillée, 1751, etc. Imite Rouen et Quimper. Bouquets bordés d'un filet rouge vif.

218

FR·PAIVADEAV· 1643

NEGREPELISSE. — Anciennes fabriques de poteries. Faïencerie de courte durée, en 1780. Décor polychrome (oiseaux et fleurs). Pièces rarement marquées.

219 à 239   **NEVERS**. — Fin du XVIᵉ s. Caractères généraux (voyez p. 69). — 1º Période italienne : 1) modèle bleu, sujets à dessin raide, archaïque; 2) à partir du XVIIᵉ s., modelé jaune orangé, formes rondes du dessin. — 2º Période persane et chinoise : fleurs, oiseaux et aussi personnages en blanc ou jaune orangé sur fond bleu.

219   220   221   222

223

224 J Boulard
1622
a Neuers

225

226 de courade
A neuers

227 B

228 de conrade
&
neuers

229 N

230 Jehan Custode ff

231 S

232 D F
1636

233 Chez mt.
Glorrax
a Cosni..
1647

234 E Borne
1689

235 R

236 S M

237 CB
Pinxit
1736.

238 hALy
17—72

239 CLYOM . NEVERS 1790

240 à 251 — **NIEDERVILLER** (près Sarrebourg). — 1754. Inspiré de Strasbourg. — Objets imitant le bois portant des paysages ou des figures imitant un dessin sur papier.

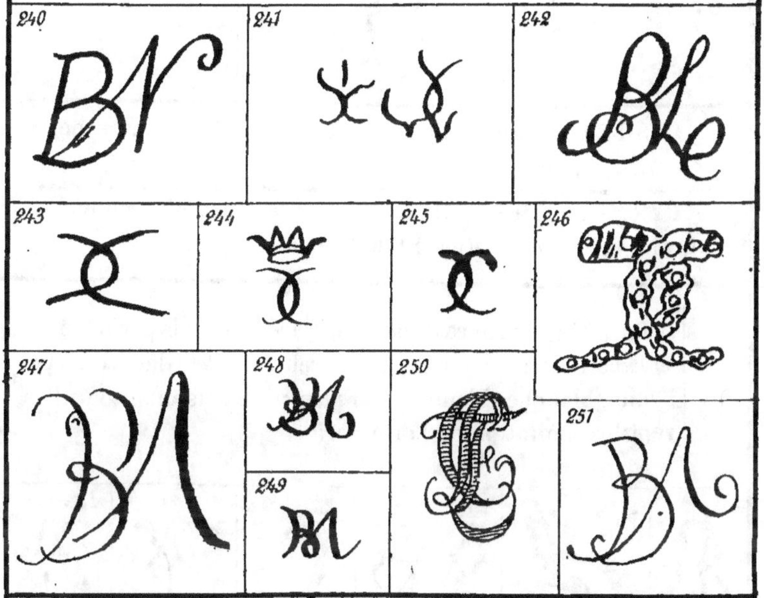

252 à 254 — **NIMES**. — 1) xvie s. Style italien. Trait bleu, modelé de jaune et vert clair. — 2) xviiie s., imite Marseille : fleurs, papillons, grotesques ; souvent au milieu, femme à costume polychrome portant un panier.

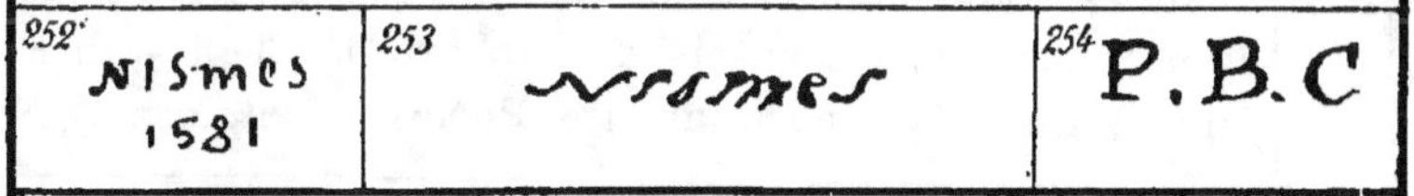

OGNES, près Chaùny (1748-1782). Dumoutier de la Fosselière. Imite Sinceny.

OLORON, vers 1860. — Imitation en relief de paniers bruns avec fleurs, fruits, etc., couleurs naturelles vives.

255 à 257	**ORLÉANS.** — XVIIIe s. 1753 (?). Faïences à décor bleu imitant Strasbourg. Poteries jaspées et marbrées. Statuettes de Jean Louis. Statues de Bernard Huet.

255	256	257
ORLÉANS		HUET

ORSILHAC (Haute-Loire) ou **LE PUY**, 1780. Lazerne. Faïence commune.

OYRON ou **OIRON**, 1524. — Faïence surtout architecturale, carreaux, statue. Style français.

258 à 263	**PALISSY (Bernard).** Saintes, Paris. — Trois périodes : — 1) Émail blanc, médaillons en relief. — 2) Glaçure jaspée brune, blanche, bleue. — 3) Figurines : poissons, coquilles, reptiles, imitation de l'orfèvrerie.

258	259	260	261	262	263
			C		

264 à 288	**PARIS.** — Moyen âge, Renaissance, p. 30, 42. — Le Révérend, 1664. Les 264 et 266 sont plutôt de Reygens de Delft. — Fabrication active, mais peu originale, imite Rouen (pots de pharmacie de l'abbaye de Chelles, par Digne), Delft, la faïence anglaise. Poêles et fontaines.

264	265	266
	ollivier paris	

OLLIVIER Fᵇ Sᵗ Antoine Paris

Genlis et Rudhardt

M Bouquet

Jean

289 et 290	**POITIERS.** — Vers 1750. Morreine (statuettes terre de pipe). — Vers 1775, Pasquier et Faulcon. Imite Rouen (décor bleu noirâtre sur émail peu vitreux).

289	*290*
F.·F.	A. MORREINE poitiers 1752

291 à 295	**QUIMPER,** faubourg de Loc-Maria, 1690. — 1) Imite le Rouen ; puis style original, figures et scènes bretonnes. — 2) 1809. La Hubaudière, faïence presque abandonnée pour la poterie vernissée et le grès. — 3) 1872. Fougeray, retour à la faïence. — **QUIMPERLÉ.** — Imite Rennes.

291 B	*292*	*293* Q Z
294 C		*295* P C

	RAMBERVILLERS, xviiie s. — Émail très blanc, peintures fines façon Saxe et Strasbourg.

296 à 298	**RENNES.** — xvie s. Poteries à vernis vert. — 1748, Forasassi dit Barbarino. Décor à fleurs (violet manganèse et vert) ; pièces à relief ; imite l'orfèvrerie ; statuettes.

296
Fecitte. P Bourgouin Rennes. 12. 8bre 1763

297	298

ROANNE. — Faïence commune sans caractère déterminé, imitant Lyon.

ROHU (Morbihan). — Engobe jaune et pastillage rouge.

299	300

ROUEN. — Pour le caractère général, voir p. 79 à 91.
I. — XVIᵉ s. — Faïence décorative : plaques à sujets ;
carreaux. — II. — 1644, la décoration en camaïeu domine ;
faïences violettes peintes de blanc et de bleu. — III. —
Style rouennais proprement dit vers 1690. On y distingue
plusieurs périodes. Nous suivons la classification donnée
par Albert Jacquemart.

ROUEN. — 1) Style rouennais rayonnant à lambrequins,
dentelles, broderies, guirlandes de fleurs, architectures,
décor bleu, bleu et rouge, polychrome simple.

301	302	303	304	305

306	307	308	309	310

311	312	313	314
GG	+GLˣ	GL	*GMᵈ*

315	316	317	318	319
GO	GS	GS	GW	G3

320	321	322	323	324
G3	h/3	PI	PP	R

325	326	327	328
S.	S·B³	VLP/7	WB/32

329 à 334	**ROUEN**. — 2) Style rouennais, lambrequins, guirlandes, rinceaux fleuris, draperies et tentures en bleu rehaussé de noir.

329	330	331
ƆD	DV	MD

332	333	334
PÆR	NP	*MS*

335 à 338	**ROUEN**. — 3) Style rouennais, même décor que le 2, mais polychrome avec du vert de cuivre évaporé par le feu.

335	336	337	338
ɧ	·M·	*Mo*	*Moᴬ*

339 à 357	**ROUEN**. — 4) Style oriental rouennais à la corne, polychrome vif, imitations chinoises, décor à pagode.

339	340	341	342	343
DL	CO	GB	Ð	dieux

344	345	346	347	348	349
Gm	Gm	G5	GS	h	Hc

350	351	352	353	354	355	356	357
HM	HT	MD	ÆR	PC	PC	R·D 1765	MD

358 à 383	**ROUEN**. — 5) Même style que le 4, décor où domine le jaune citron; confusion possible avec le Sinceny.

358	359	360	361	362	363
BB	BB	DB	A	GA	GD

364	365	366	367	368	369
G3	h	·I·I	F	M	Mv

	371	372		373
P·A·T 1776	P·G	P·C		P·D
370				

374	375	376	377	378
RD	Ro	S3	W	Gt

379	380	381	382	383
V	W Jh	◈ GN ◈ ◈ 1733 ◈	H	3·R·

ROUY (Aisne). — Fondée en 1790, M. de Flavigny, guillotiné en 1793, puis dirigée par les Bertins ; imite Sinceny. On rencontre quelques pièces portant, comme marque, le nom de Rouy peint en bleu.

384 — **RUBELLES** (Seine-et-Marne). — Fondée en 1836 par le baron de Bourgoing, dirigée par Moitessier puis par Hocedé ; fermée en 1858. — Pièces à émaux translucides, verts, bleus, lilas, jaunes, monochromes et polychromes.

384

A.D. T.

385 à 402 — **SAINT-AMAND-LES-EAUX**. — Fauquez, vers 1740, excellente fabrication. Décor polychrome employant souvent une couverte bleutée avec application d'émail blanc. — Trois périodes. — 1) imite Rouen. — 2) imite Strasbourg. — 3) faïence fine, façon porcelaine. Sujets Watteau, par Gaudry, etc. ; fleurs par J.-B. Desmuraille.

385

fai henri gaudry 2 juillet 1686

386

Louis gaudry +

387

388

389

390

391

| 403 | **SAINT-CLÉMENT** (voy. Lunéville). — Statuettes de Cyfflé; biscuit blanc ou quelquefois peint sur émail. |

| 403 | C |

| 404 à 407 | **SAINT-CLOUD.** — Vers 1690, faïence très fine, fabrication soignée. — 1) Imite Rouen. — 2) A ensuite un style original d'une élégante fantaisie, rinceaux de fleurs stylisées. |

SAINT-JEAN-DU-DÉSERT. — 1697, voy. Marseille.

| 408 à 414 | **SAINT-OMER.** — Louis Saladin, 1751. Soupières en forme de choux (couleur nature). Autres faïences (?), camaïeu violet, manganèse ou vert. |

415	**SAINT-PAUL** (Oise). — Seconde moitié du XVIIIe s. Pots en forme de personnages, faïence commune décorée en couleur.	*415* St Paul

416 à 418 | **SAINT-PORCHAIRE**. — 1520. Style général (voy. p. 50). — Caractéristiques des trois périodes, décors, formes, décadence (voy. p. 302).

416

417

418

419 | **SAINT-SERAIN** (Nièvre). — Première moitié du XVIIe s., imite Nevers.

419 fait par Edme Briou —

420 | **SAMADET**. — 1732. L'abbé Roquépine, puis Dezès, puis Poudens. Décor polychrome varié (paysages et enfants, fleurs de style persan, grotesques); couleurs douces et fondues. Émail blanc et épais. Imite Strasbourg et parfois Moustiers. Formes imitant l'argenterie.

420 Samadet 1732

421 | **SARREGUEMINES**. — Vers 1770. Faïences fines à décor brun. Vases imitant le jaspe, le marbre et le porphyre.

421 SARREGUEMINES

<table>
<tr><td>422
à
429</td><td colspan="3">SCEAUX. — 1751. Faïences très fines. Fleurs, oiseaux, arabesques rehaussés d'or, amours, paysages.</td></tr>
</table>

422	423	424	425
	sceaux	S. P	
426	427	428	429
S P	K. D	·756	SX

SAVIGNIES (Beauvaisis). — XIIIe s. — Voy. Beauvais.

SCHLESTADT. — Imite Strasbourg.

<table>
<tr><td>430
à
447</td><td>SINCENY. — 1733. Trois périodes. — 1) Imite Rouen, mais avec un émail un peu bleuté et un rouge légèrement glacé. — 2) Décor rouennais, pseudo-chinois mais avec personnages d'un jaune citron très franc. Statuettes de Chinois de même couleur. — 3) A partir de 1775, imite Strasbourg.</td></tr>
</table>

430	431
	Dominique pellevé 1749
432	433 · 434
S.c.ÿ.	La S

STRASBOURG. — 1709. Beauté de l'émail, élégante fantaisie des formes, vivacité et franchise des couleurs, fleurs soit dessinées d'un trait noir et colorées par des à-plat, soit modelées avec finesse. — Vases, cartels, etc., à reliefs rehaussés d'or.

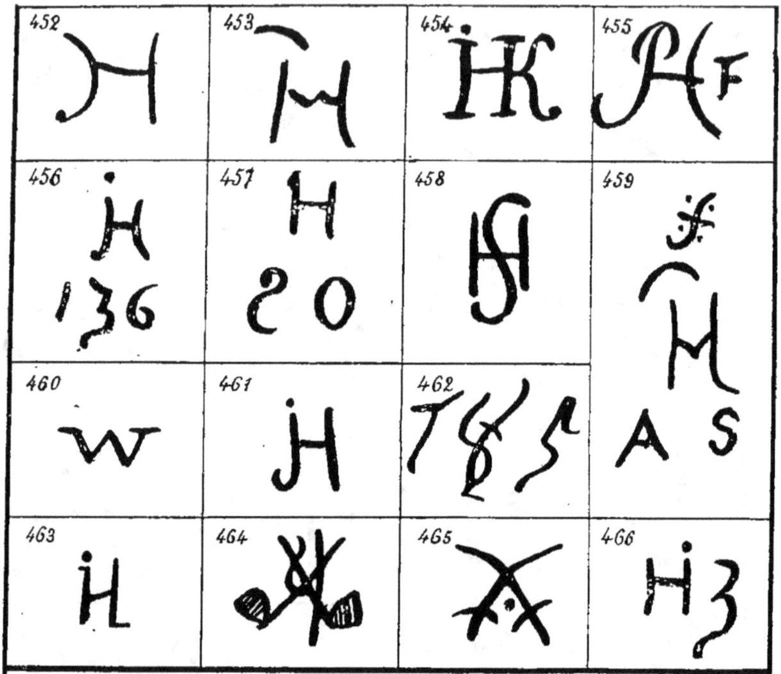

452	453	454	455
456	457	458	459
460	461	462	
463	464	465	466

467 à 471	**TAVERNES** (Var). — Gaze (1760-1780) ; faïence commune façon Varages.

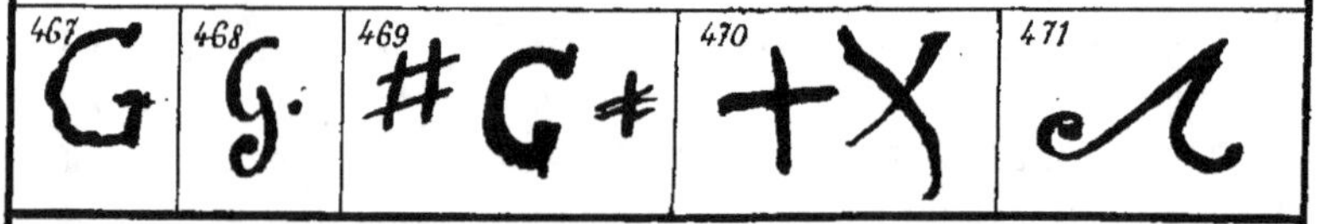

467	468	469	470	471

472 et 473	**TOULOUSE.** — Vers 1750. Décor : camaïeu bleu ou grotesques, bouquets avec insectes et génies (service des Chartreux de Toulouse).

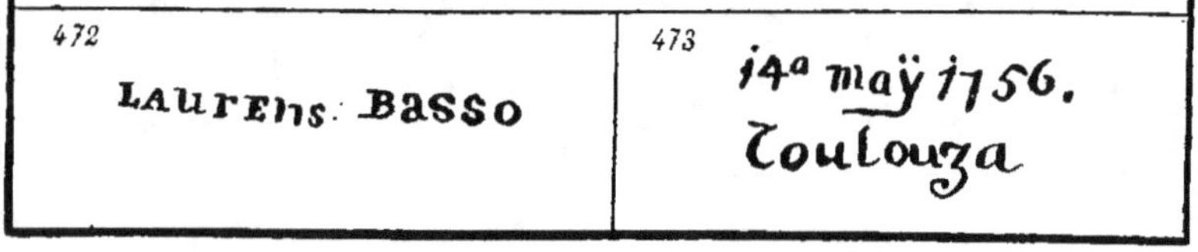

472	473
Laurens Basso	14ª maÿ 1756. Toulouza

474 à 478	**TOURS**. — Thomas Sailly, 1770 à Saint-Pierre-des-Corps, faïence commune. — Epvron (deux Sphinx 1797, musée de Tours). — XIXᵉ s. Avisseau imite Palissy.

474	475	476	477
fait a Tours le 21 Mair 1782 Lovise Liavte			

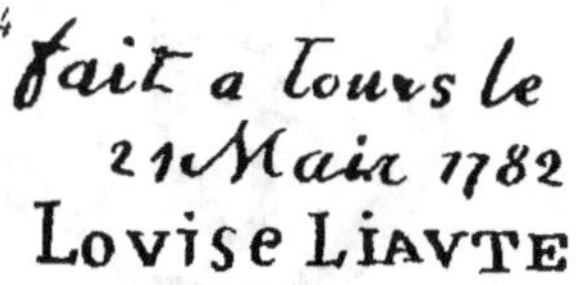

478

avisseau atour 1855

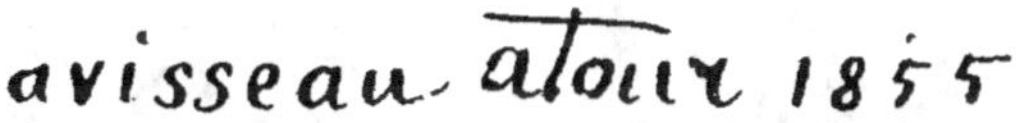

479 à 481	**LA TOUR-D'AIGUES**. — Avant 1775. Décors polychromes ou camaieux verts et violets, fleurs, paysages, etc ; formes imitant les animaux, les végétaux, l'orfèvrerie.

fait a la Tour 8 Daigues 479

480

481

482 à 489	**VALENCIENNES**. — Louis Dorez, 1755, se rattache à Lille, imite Rouen et la Hollande.

482	483	484
L	L	D·V·

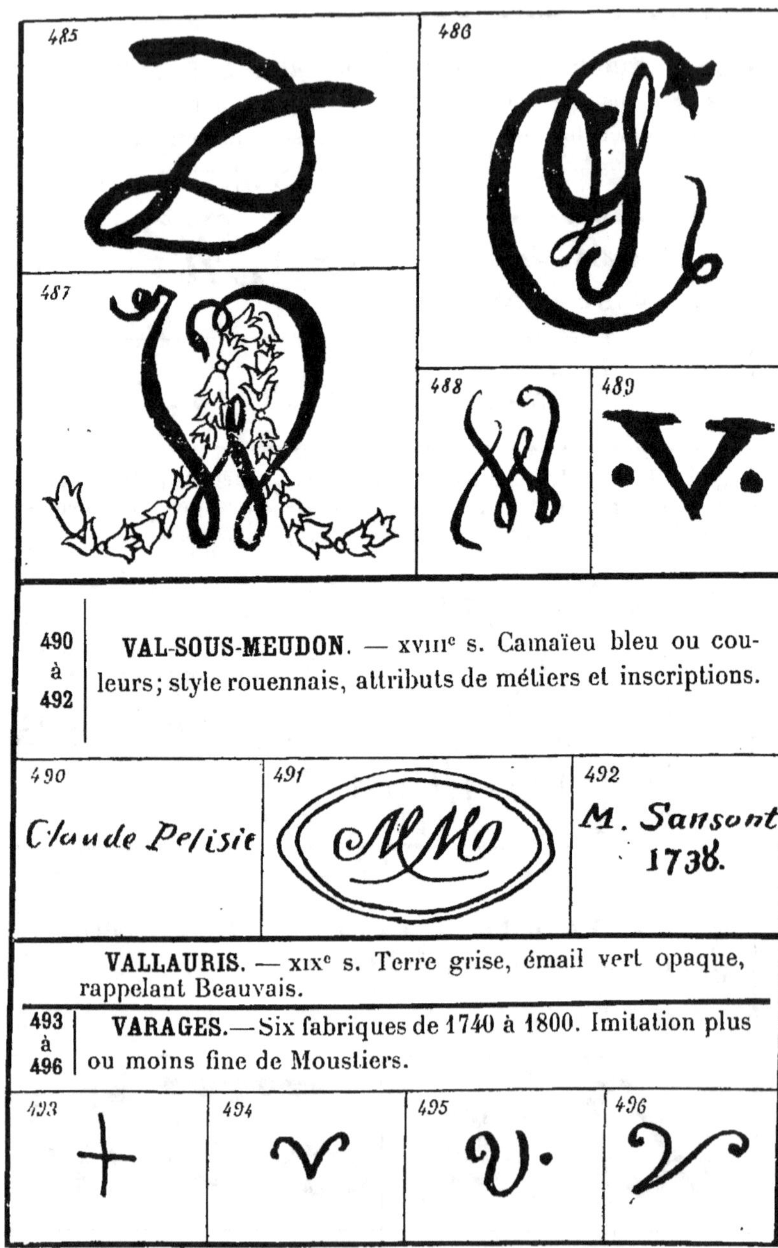

| 490 à 492 | **VAL-SOUS-MEUDON**. — XVIIIᵉ s. Camaïeu bleu ou couleurs; style rouennais, attributs de métiers et inscriptions. |

VALLAURIS. — XIXᵉ s. Terre grise, émail vert opaque, rappelant Beauvais.

| 493 à 496 | **VARAGES**.—Six fabriques de 1740 à 1800. Imitation plus ou moins fine de Moustiers. |

VAUCOULEURS et **MONTIGNY**, près Vaucouleurs. Girault de Berinqueville, 1758. Faïence mince, émail blanc à peinture vive, décor riche. Pièces à relief.

VILLEROY. — Voy. Mennecy.

497 à 499	**VINCENNES.** — 1767-1770. Faïence fine dans le style de Strasbourg, imitant la porcelaine.

497	498	499
H		

WALLY (Lorraine). — XVIIIe s. Décors à fleurs bleues. Le bleu de Wally est passé en proverbe dans ce pays.

500	**VOISINLIEU.** — Grès artistique; le peintre Ziégler, 1859.

500

501 à 503	**VRON** (Somme). — Courpont, deuxième moitié du XVIIIe s. Carreaux de cheminées et de revêtement de boutiques, pots, assiettes, décorés en couleurs de personnages, animaux, paysages, sujets grossièrement dessinés.

501	502
	VRON

503
JxTamart 1696

DATES DE LA FONDATION DES ATELIERS

CARACTÉRISTIQUES

MARQUES ET MONOGRAMMES

DE

DEUX CENT VINGT-CINQ

Porcelaines Françaises

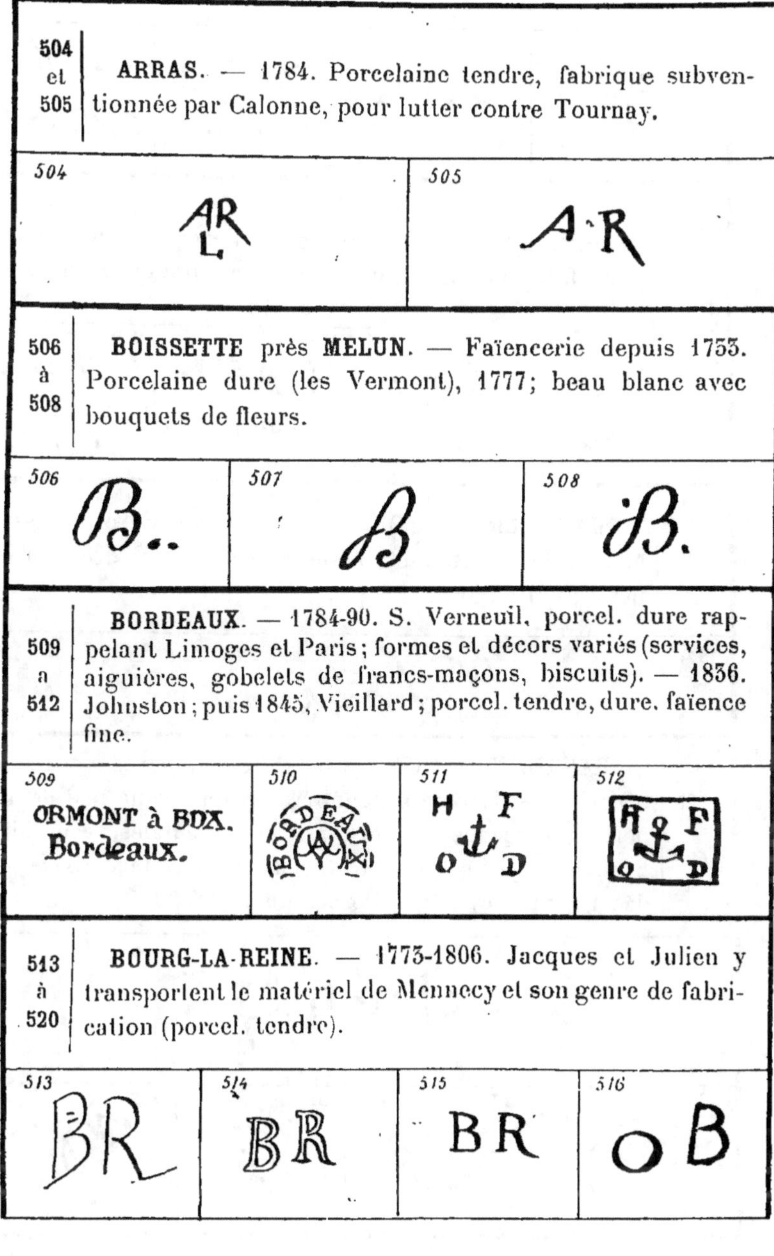

504 et 505 — **ARRAS**. — 1784. Porcelaine tendre, fabrique subventionnée par Calonne, pour lutter contre Tournay.

506 à 508 — **BOISSETTE** près **MELUN**. — Faïencerie depuis 1753. Porcelaine dure (les Vermont), 1777; beau blanc avec bouquets de fleurs.

509 à 512 — **BORDEAUX**. — 1784-90. S. Verneuil, porcel. dure rappelant Limoges et Paris; formes et décors variés (services, aiguières, gobelets de francs-maçons, biscuits). — 1836. Johnston; puis 1845, Vieillard; porcel. tendre, dure, faïence fine.

513 à 520 — **BOURG-LA-REINE**. — 1773-1806. Jacques et Julien y transportent le matériel de Mennecy et son genre de fabrication (porcel. tendre).

517	518	519	520
✝	B la R	J.P	Grellet. G R et Cie

521 à 523	**CAEN**. — 1797-1806. Desmares, Mallet et Thierry, porcel. dure ; fabrique surtout du blanc ; décor imitant Sèvres.

521	522	523
AR de lemer lan 1771	CAEN Mallet.	Le françois à Caen.

524	**CHATILLON** (Seine). — 1775. Porcel. dure. Roussel et Cie, Lortz, Rouget ; assiettes festonnées ; décor or et fleurs ; imite Paris.

524	Chatillon

525 à 529	**CHANTILLY.** — 1725-1800. Porcel. tendre. — Deux périodes. — 1) Émail stannifère opaque blanc mat de la porcel. coréenne ; décor ; plantes orientales, écureuil, haie, etc. — 2). Couverte vitreuse : fleurs façon Saxe et décor genre Sèvres. — Porcel. dure 1803-30.

525	chantilly

526	527	528	529

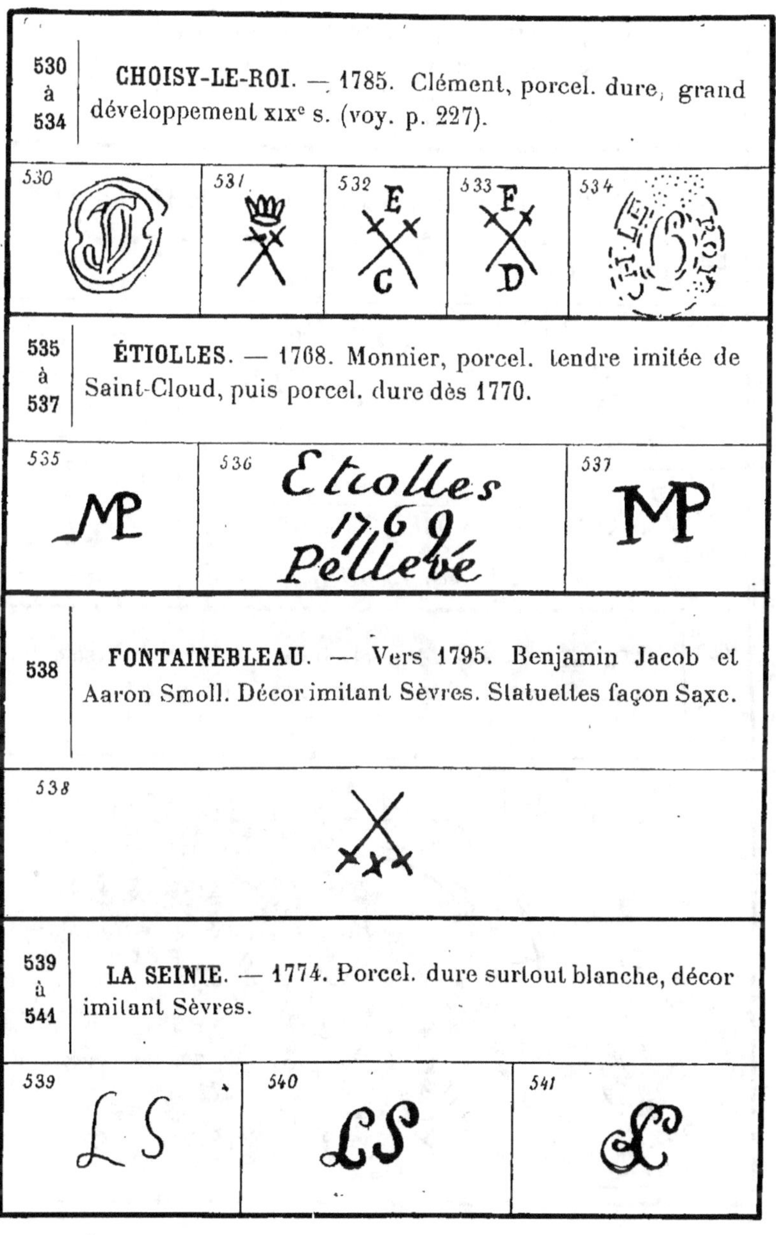

| 530 à 534 | CHOISY-LE-ROI. — 1785. Clément, porcel. dure, grand développement xixe s. (voy. p. 227). |

| 530 | 531 | 532 | 533 | 534 |

| 535 à 537 | ÉTIOLLES. — 1768. Monnier, porcel. tendre imitée de Saint-Cloud, puis porcel. dure dès 1770. |

| 535 | 536 | 537 |

| 538 | FONTAINEBLEAU. — Vers 1795. Benjamin Jacob et Aaron Smoll. Décor imitant Sèvres. Statuettes façon Saxe. |

| 538 |

| 539 à 541 | LA SEINIE. — 1774. Porcel. dure surtout blanche, décor imitant Sèvres. |

| 539 | 540 | 541 |

542	**LAURAGUAIS** (Fabrique fondée à Paris par le comte de Brancas). — Essais de porcel. dure 1758, pâte grisâtre; médaillons statuettes, pièces à décor chinois.	*542*

543 à 549	**LILLE**. — Essais de porcelaine tendre de 1711. Barthél. Dorez et Pierre Pélissier, imite Saint-Cloud. — 1784. Porcelaine dure.

543   *544*   *fait par Lebrun à Lille*   *545*

546   *Lille* W   *547* L   Fait à Lillé. *548* en Flandre. cuit au charbon de terre, 1785   *549* L.L. +

550 à 553	**LIMOGES**. — 1773. Porcel. dure. — 1784, succursale de Sèvres. Grand développement xixe s. (voy. p. 223).

550 C.D.   *551* C.D   *552*

553 C. D

554	**LUNÉVILLE**. — 1769. Vaisselle de luxe et figurines en pâte de marbre par Cyfflé. Porcel. tendre ou faïence fine.
554	*Cyfflé, à Lunéville*
555 à 557	**MARSEILLE**. — 1776-93. Porcel. dure très peu translucide et à couverte légèrement grisâtre, souvent inégale (parce que appliquée au pinceau). Pour le décor, voir faïence.

555	556	557

558 à 561	**MENNECY-VILLEROY**. — Pâte fine et translucide. Fleurs, amours, enfants sur fond blanc laiteux. Décor chinois avec émaux en relief. Genre Saint-Cloud. Statuettes blanches et décorées.

558	559	560	561
D V	D.V.	D.V.	

	MONTREUIL-SOUS-BOIS. — Porcel. dure, 1815. Tinet. Décors variés imitant souvent la Chine et le Japon.
562 à 574	**NIEDERVILLER**. — Porcel. dure, 1765-1827. Genre Lunéville. Statuettes terre de Lorraine.

562	563	564	565	566
	ur			

| 575 à 584 | **ORLÉANS.** — Gérault, 1757, fabrique porcel. tendre à décor bleu (brindilles, épis, bouquets camaïeu); puis 1764, porcel. dure, décor polychrome. |

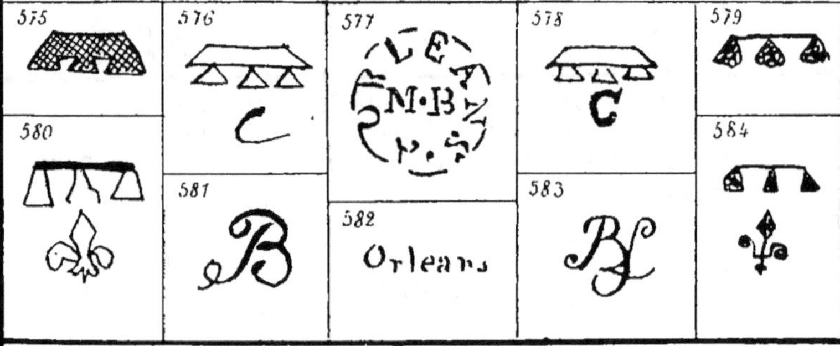

PARIS. — Fin du XVIIIe s., fabriques nombreuses, plusieurs très actives. Styles variés où domine l'imitation de Sèvres. Plus de soin et de finesse d'exécution que d'originalité et d'effet décoratif. Cependant Paris n'en est pas moins, dès le début du XIXe siècle, un des centres les plus importants de la fabrication céramique, tant artistique que courante, et cette importance n'a cessé de croître jusqu'à nos jours.

| 585 | **PARIS-PASSY.** — Dès 1700 porcelaine tendre imitant Rouen et Saint-Cloud. La marque n° 585 a été aussi attribuée à Poterat de Rouen. | 585   *A·P· |

586 à 592	**PARIS**. — Fabrique du comte de Brancas-Lauraguais, sauf les nᵒˢ 587 et 588 qui désignent la fabrique Advenir et Lamare, au Gros-Caillou, 1775, porcel. dure.

586	587	588

589	590	591	592

593 à 599	**PARIS**. — Fabrique des faubourgs Saint-Denis et Saint-Lazare. Fondée par Hannong, 1769, devient manufacture du comte d'Artois: de là, la couronne, nᵒ 596. Porcel. dure imitant Saxe et Strasbourg.

593	594	595	596

597	598	599

600 à 605	**PARIS**. — Porcel. dure. — Nᵒˢ 600 et 604. Barrière de Reuilly, 1779-85, décor or et polychrome. — nᵒ 605. Faub. Saint-Antoine, 1773. — nᵒˢ 601, 602, 603. Outrequin et Montarey, fabrique de Pont-aux-Choux.

600	601	602	603	604
		605		

| 606 | **PARIS**. — 1775, rue de la Roquette. Porcel. dure (bleu et vert avec or et fleurs); ne pas confondre sa marque avec l'S de Saint-Cloud, 692, soulignée par une croix. |

606

S

| 607 à 614 | **PARIS**. — Fabrique fondée rue Fontaine-au-Roi, par Locré de Roissy, 1778. Porcel. dite allemande ou de la Basse Courtille. Fabrication active et artistique de toute espèce (y compris têtes de pipes). |

607 · 608  · 609  · 610  · 611

612 · manufacture A. Deßuß

613 · Pouyat & Ruffinge

614 · LOCRE, à Paris, fabrique dite de la Courtille.

| 615 à 627 | **PARIS**. — Clignancourt, fondée par Des Ruelles, 1778; protégée par Monsieur depuis 1775; de là changement de marque (n° 628 et suiv.). |

615 · 616  · 617  · 618  · 619  · 620

715 à 722	**VINCENNES.** — Porc. tendre, 1738-56. Décor chinois. Guirlandes avec oiseaux (sortes de faisans ou oiseaux de marais à long bec). Plus tard sujets Boucher en camaïeu ou quelquefois polychromes. Imitation du Saxe. Invention du biscuit. Bouquets de fleurs montées sur laiton.

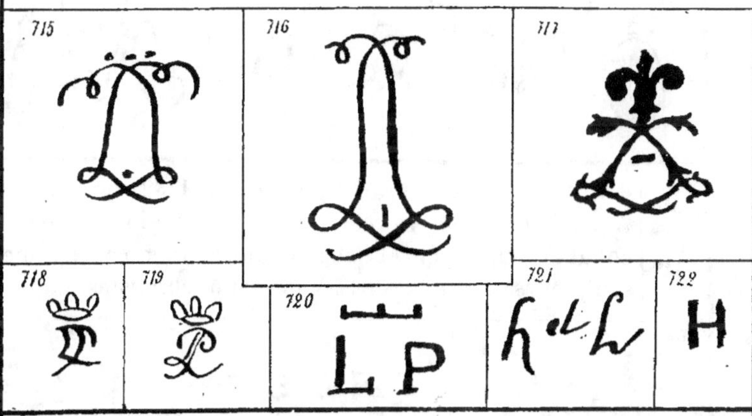

Nous avons reproduit sous les nᵒˢ 725 à 729, quelques marques de porcelaines que nous n'avons pu identifier.

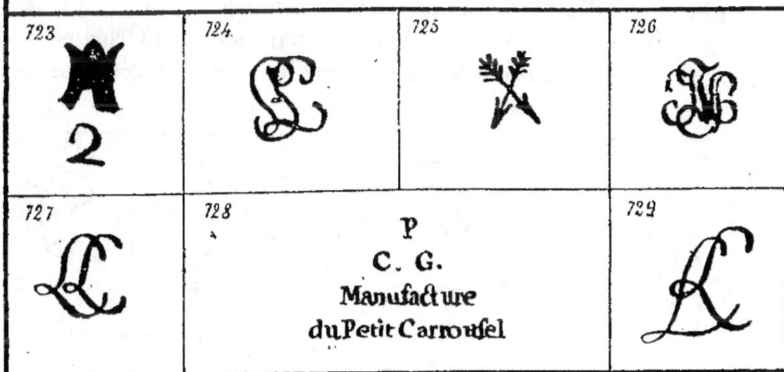

637		638	639
MANUFACTURE DE MONS^R LE DUC D'ANGOULÊME A PARIS		GUERHARD ET DIHL A PARIS	CH

640	641	642	643	644	645

646 à 649	PARIS. — Nast, rue Popincourt, 1782, puis rue des Amandiers, 1784. Porcel. dure très artistique, a eu pour collaborateurs Flers et Cabat, peintres ; Pajou et Klagmann, sculpteurs ; Parmentier et Vauquelin, chimistes, etc.

646	647	648
N... à Paris	NAST	MANUFACTURE DE PORCELAINE DU CITOYEN NAST A PARIS
649	MANUF^{RE} DE PORCELAINE DU C^{EN} NAST RUE DES AMANDIERS D^{ON} POPINCOUR^T	

650 à 655	PARIS. — Fondée rue du Pont-aux-Choux, 1784, par Lamarre de Villers ; protégée par le duc d'Orléans, 1786, transportée rue Amelot. Porcel. dure décorée d'oiseaux, fleurs, dorures.

650	651	652	653

654	
	655 Fabrique du Pont-aux-Choux.

| 656 à 663 | **PARIS.** — Potter sujet anglais. Manufacture du prince de Galles, rue Crussol, 1789-1792. Ne pas confondre sa marque avec la marque du comte d'Artois. — Dagoty, 1800. Manufacture de l'Impératrice, puis 1816, de la duchesse d'Angoulême. Genre Sèvres, fabrication variée (bas-reliefs et statuettes). |

656

Manufacture
de S.M.L'Imperatrice.
P.L DAGOTY
à Paris.

657

B Potter 33

Potter
42

658

MADAME
DUCHESSE D'ANGOULÊME
Dagoty. E. Honoré.
PARIS.

659

Manufacture de Foëscy,
Passage Violet, No. 5.
R. Poissonnière, à Paris.
Paris. A. Cottier

660

FLEURY.
Paris. Rue Faubourg St. Denis
M. Flamen Fleury.

661

C. H. MÉNARD
Paris.
72 Rue de Popincourt

662

REVIL
Ru Neuve
des
Capucines

663

Paris. Monginot.
Monginot
20 Boulevard des Italiens.

| 664 | **ROUEN.** — Porcelaine tendre. Quelques pièces de Poterat, 1675 (?). — Essai de Levavasseur, 1743 : vase à décor baldaquins bleus, grand feu. | 664 |

| 665 | **.SAINT-AMÀND.** — Porcel. tendre, 1771-1778, puis 1800. Imite Sèvres pour le décor ; pâte analogue à Tournay. | 665 |

| 666 à 671 | **SAINT-CLÉMENT**. — Porcel. tendre, étant plutôt de la faïence fine; mêmes caractères que Lunéville. |

| 666 | 667 | 668 | 669 | 670 | 671 |

| 672 à 680 | **SCEAUX**. — Porcel. tendre, 1749. Bel émail, décor polychrome, souvent Amours en camaïeu rose; a fait peut-être de la porcel. dure. |

| 672 | 673 | 674 | 675 | 676 |
| 677 | 678 | SCEAUX. | 679 | 680 |

| 681 à 694 | **SAINT-CLOUD**. — Porcel. tendre, 1690 (?) — 1766. Décors style de Bérain, bleus, quelquefois polychromes, à reliefs blancs; quelques pièces à fleurs bleues style japonais. Dorures épaisses (691 est une contrefaçon, voir n° 671). |

681	682	683
684	685	686	687	688	689	690
691	692	693	694

St Cloud 1733

695   **ILE SAINT-DENIS**. — La Ferté, 1778. Groupes, bustes (Louis XVI, 1779. Monsieur, 1780).

695   *Groſſe L'iſle Saint-De... 1780.*

696 à 706   **STRASBOURG**. — Porcel. dure. — 1ᵉ période (1721-54). Ressemble à du verre par excès de feldspath ; décor rouge d'or pâle. — 2ᵉ période, vers 1739. Porcel. assez blanche, avec bouquets style Saxe, filets de bord violets. — 3ᵉ période (1766-80). Pièces de tout genre, décor imitant Sèvres et Meissen.

696	697	698	699	700
701 / 706	702	703	704	705

707 et 708   **LA TOUR D'AIGUES**. — Porcel. tendre et dure. Pièces translucides peintes en émaux pâles, décor d'oiseaux sur terrasses ou d'étoffes genre Chine ; d'autres pièces avec bouquets en émaux vifs.

707	708

709 à 714   **VALENCIENNES**. — Porcel. dure. Fauquez et Lamoninary, 1785-95. Nouvelle fabrique 1800-10. Imite Lille et Paris. Biscuits remarquables (la *Descente de croix*, par Fickaert).

709	710 VALENCIEN·	711
	712 713 714	

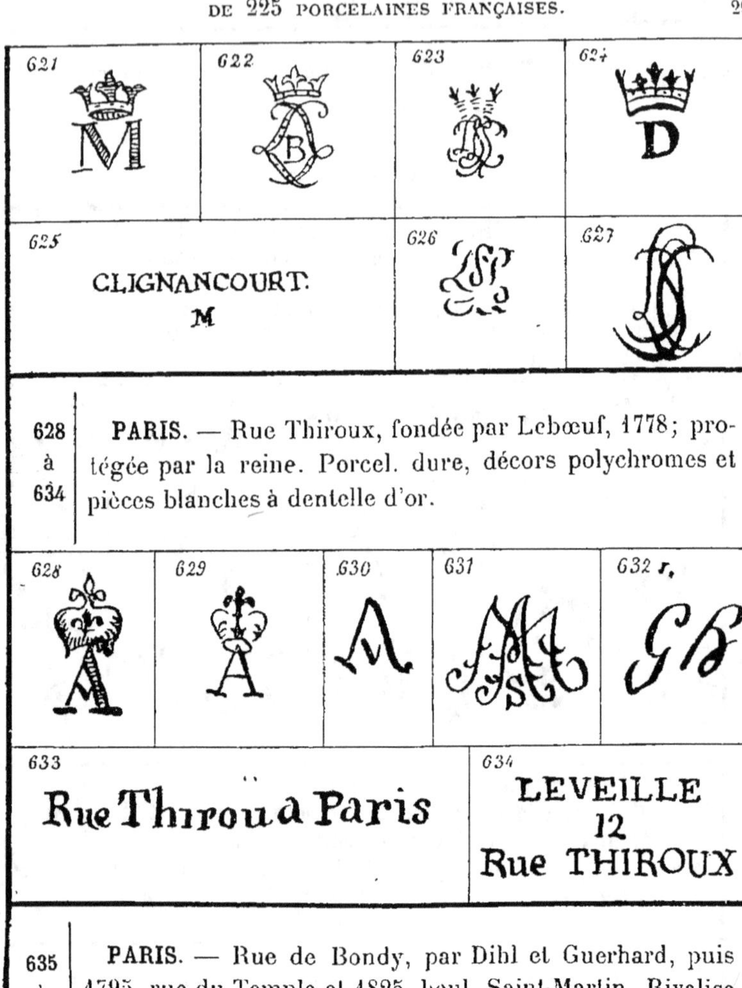

628 à 634	**PARIS.** — Rue Thiroux, fondée par Lebœuf, 1778; protégée par la reine. Porcel. dure, décors polychromes et pièces blanches à dentelle d'or.

635 à 645	**PARIS.** — Rue de Bondy, par Dihl et Guerhard, puis 1795, rue du Temple et 1825, boul. Saint-Martin. Rivalise avec Sèvres, y compris les plaques peintes et les biscuits.

TABLEAU CHRONOLOGIQUE

Pour servir à indiquer l'année dans laquelle une pièce a été décorée
à dater de 1753 jusqu'en 1817.

A == 1753	V == 1774	An IX (1801)	=	T. 9.	
B == 1754	X == 1775	An X (1802)	=	X	
C == 1755	Y == 1776	An XI (1803)	=	11	
D == 1756	Z == 1777	An XII (1804)	=	–//–	
E == 1757	A A == 1778	An XIII (1805)	=	↑	
F == 1758	B B == 1779	An XIV (1806)	=	≢	
G == 1759	C C == 1780	1807	=	7.	
H == 1760	D D == 1781	1808	=	8.	
I == 1761	E E == 1782	1809	=	9.	
J == 1762	F F == 1783	1810	=	10.	
K == 1763	G G == 1784	1811	=	o z.	
L == 1764	H H == 1785	1812	=	d z.	
M == 1765	I I == 1786	1813	=	t z.	
N == 1766	J J == 1787	1814	=	q z.	
O == 1767	K K == 1788	1815	=	q n.	
P == 1768	L L == 1789	1816	=	s z.	
Q == 1769	M M == 1790	1817	=	d s.	
R == 1770	N N == 1791				
S == 1771	O O == 1792				
T == 1772	P P == 1793				
U == 1773					

TABLEAU ET EXPLICATION DES MARQUES DES PIÈCES DÉCORÉES
A LA MANUFACTURE DE PORCELAINE DE SÈVRES, FONDÉE A VINCENNES EN 1740

à partir de l'année 1753, époque où cette manufacture commença à marquer ses produits, en exécution de l'arrêt du roi du 19 août de ladite année, portant privilège de cette fabrication au nom d'Éloi Brichard, avec titre de manufacture royale.

1; 19 août 1753 au 21 septembre 1792. — 2, 3, 4; 21 septembre 1792 au 8 mai 1804. — 5, 6; 8 mai 1804 au 30 mars 1814. — 7; mars 1814 à septembre 1821. — 8, 9, 10, 11; septembre 1821 à août 1830. — 12, 13, 14, 15; 1830 à 1848. — 16; cachet ayant remplacé le chiffre du roi de 1818 à 1851. — 17, 18; 1852 à 1870. — 21, 22; 1871 à nos jours.

Les chiffres sont les deux derniers de l'année où la pièce a été fabriquée.

La marque n° 20 est un exemple de marque avant l'oblitération, c'est-à-dire n'ayant reçu, comme la marque n° 19, le trait de meule; ce trait indique une pièce blanche mise au rebut. Ces pièces de rebut ont été souvent surdécorées par des contrefacteurs.

MARQUES ET MONOGRAMMES

DES

PEINTRES, DÉCORATEURS, DOREURS

DE LA

MANUFACTURE DE SÈVRES. 1753 A 1800

Voir pages 299, 300, 301.

1. Aloncle.	33. Chanou (Mme)	65. Grison.	97. Parpette.
2. Anthaume.	34. Chappuis aîné.	66. Henrion.	98. Parpette (Mlle)
3. Armand.	35. Chappuis jeune.	67. Héricourt.	99. Petit.
4. Asselin.	36. Chauvaux père.	68. Hileken.	100. Pfeiffer.
5. Aubert aîné.	37. Chauvaux fils.	69. Houry.	101. Philippine aîné
6. Bailly.	38. Chevallier.	70. Huny.	102. Pierre aîné.
7. Bardet.	39. Choisy.	71. Joyau.	103. Pierre jeune.
8. Barrat.	40. Chulot.	72. Jubin.	104. Pithou aîné.
9. Barre.	41. Commelin.	73. La Roche (de).	105. Pithou jeune.
10. Baudoin.	42. Cornaille.	74. Léandre.	106. Pouillot.
11. Becquet.	43. Couturier.	75. Le Bel aîné.	107. Prévost.
12. Bertrand.	44. Dieu.	76. Le Bel jeune.	108. Raux.
13. Bienfait.	45. Dodin.	77. Lecot.	109. Rocher.
14. Binet.	46. Drand.	78. Ledoux.	110. Rosset.
15. Binet (Mme).	47. Dubois.	79. Le Guay.	111. Rousselle.
16. Boucher.	48. Dusolle.	80. Le Guay.	112. Schradre.
17. Bouchet.	49. Dutanda.	81. Levé père.	113. Sioux aîné.
18. Bouillat.	50. Evans père.	82. Levé Félix.	114. Sioux jeune.
19. Boulanger.	51. Falot.	83. Maqueret (Mme)	115. Sisson.
20. Boulanger fils.	52. Fontaine.	84. Massy.	116. Tabary.
21. Bulidon.	53. Fontelliau.	85. Méreaud aîné.	117. Taillandier.
22. Bunel (Mme).	54. Fouré.	86. Méreaud jeune.	118. Tandart.
23. Buteux père.	55. Fritsch.	87. Micaud.	119. Tardy.
24. Buteux (Th.).	56. Fumez.	88. Michel.	120. Théodore.
25. Buteux (G.).	57. Gauthier.	89. Moiron.	121. Thévenet père.
26. Capelle.	58. Genest.	90. Mongenot.	122. Thévenet fils.
27. Cardin.	59. Genin.	91. Morin.	123. Vandé.
28. Carrier.	60. Gérard.	92. Mutel.	124. Vavasseur.
29. Castel.	61. Gérard (Mme)	93. Niquet.	125. Vieillard.
30. Caton.	62. Girard.	94. Noël.	126. Vincent.
31. Catrice.	63. Gomery.	95. Nouailhier (Mme)	127. Xhrouet.
32. Chabry.	64. Grémont.	96. Pajou.	128. Yvernel.

VOIR PAGE 298

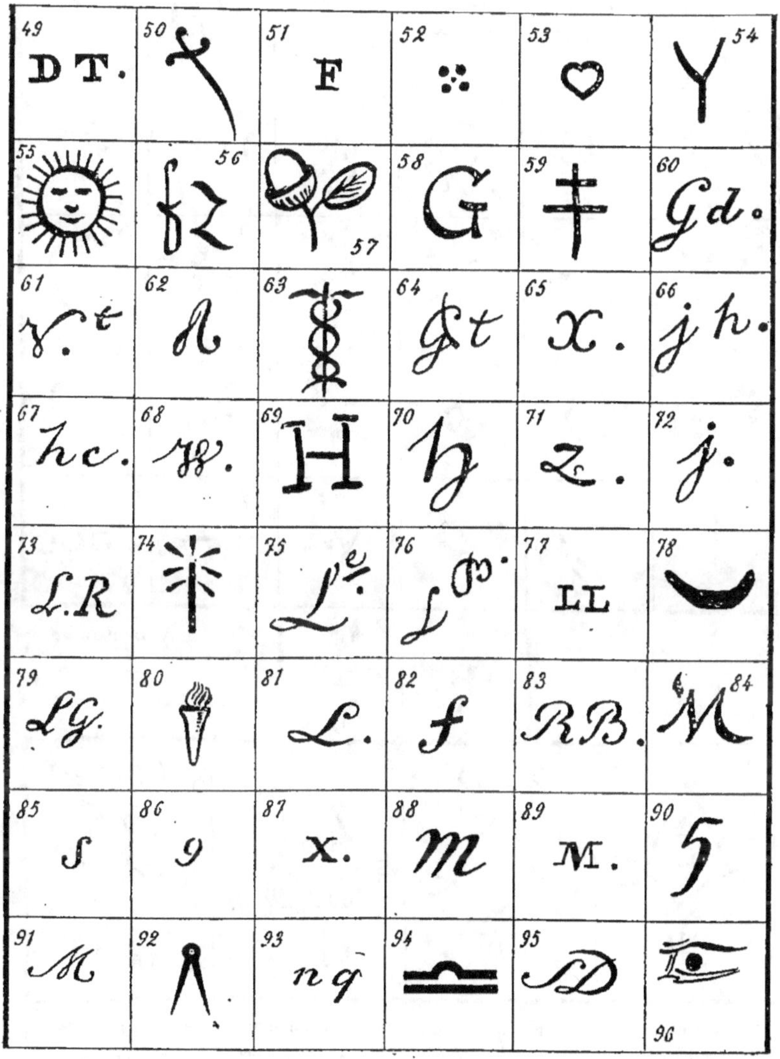

49	50	51	52	53	54
55	56	57	58	59	60
61	62	63	64	65	66
67	68	69	70	71	72
73	74	75	76	77	78
79	80	81	82	83	84
85	86	87	88	89	90
91	92	93	94	95	96

VOIR PAGE 298

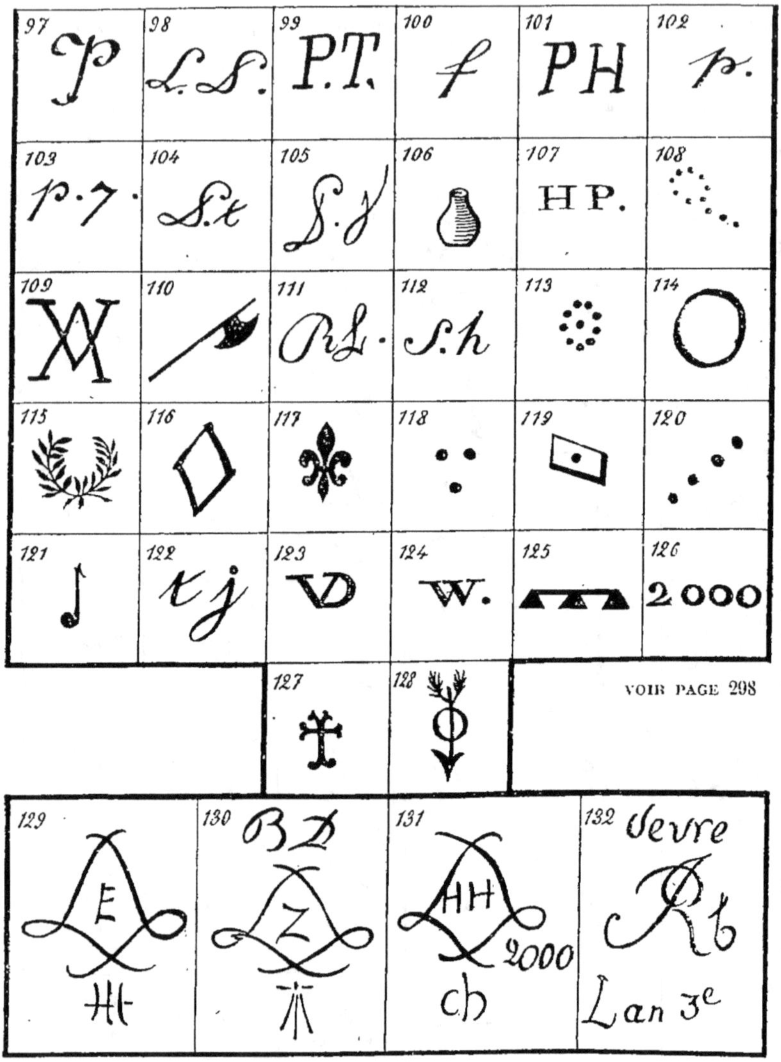

VOIR PAGE 298

Marques n°ˢ 129 à 132. — Exemples de marques, accompagnées de monogrammes.

| 1755. Taillandier, peintre de fleurs. Voir n° 117. | 1776. Baudoin, doreur. Choisy, peintre de fleurs Voir n°ˢ 10 et 39. | 1784. Vincent, doreur. Chabry, peintre de fleurs Voir n°ˢ 126 et 52. | 1795-1796. Cornaille, peintre de fleurs. Voir n° 42. |

Pour la signification des dates de fabrication — E, Z, H H, — voir page 296.

ARCHÉ (*Yonne*). — 1740. — Faïence commune.
Sept fontaine (Luxeuil).

SAINT-DENIS-SUR-SARTHON. — Jean Ruel, 1750. — 1)
imite Sinceny. — 2) décor caractérisé par deux feuilles
étalées et des tiges d'œillet.

SAINT-PORCHAIRE. — 1520. Style général (voy. p. 50).
— Trois périodes : 1) Décor brun noirâtre avec quelques
tons rougeâtres, arabesques, entrelacs, armoiries; formes
pures et sobres. — 2) Formes parfois architecturales (style
de la Renaissance française). Décoration plus compliquée,
ornements à reliefs (sigillation), mascarons, chapiteaux,
figurines. — 3) Décadence, ornements poinçonnés, colorations jaspées avec bestioles au naturel.

MONT-CHEVALIER (Cannes). — Fabrication variée et
imitation de Vallauris. Seconde moitié du xixe siècle.

MONTIGNY-SUR-LOING. — Seconde moitié du xixe s.
Faïence barbotine. Décor large.

MONTPELLIER. — 1750. Imite Marseille; bouquets polychromes peints sur émail cru fond jaune.

MOUSTIERS. — Les Fouque avec le peintre Doumer
(sous Louis-Philippe), et Feraud sous le Second Empire.
Le dernier four de Moustiers s'est éteint en 1874.

PONTEUX (Landes). — Porcel. dure, avant 1785 : vaisselle et sujets (bustes des quatre saisons, par Klein).

Fig. 531 à 534. — Bustes et consoles (les quatre saisons).
Fayence de Rouen (xviii° siècle).

TABLE DES MATIÈRES

— FAYENCES —

DATES DE LA FONDATION DES ATELIERS
ET
CARACTÉRISTIQUES DES FAYENCES FRANÇAISES

(Les chiffres ci-dessous indiquent la pagination.)
Consulter le Sommaire analytique placé en tête de ce volume.

COMBINAISONS ALPHABÉTIQUES AVEC RENVOIS AUX Nᵒˢ D'ORDRE DES MARQUES ET MONOGRAMMES DES FAYENCES

POUR IDENTIFIER UNE MARQUE IL FAUT SE REPORTER

1º *A la première lettre pour les lettres séparées et pour les noms autres que ceux des ateliers, ces derniers étant indiqués dans la précédente table.*

2º *A la lettre la plus rapprochée de la lettre* **A** *pour les mono- grammes et les lettres entrelacées. Ces monogrammes et ces lettres sont indiqués et réunis, dans la table ci-dessous, par le signe –.*

A. 301, 401, 471.	**A-F.** 97, 98.	**A.L.D.A.** 22.
A-B. 281.	**A-G.** 277, 561.	**A-M.** 191.
A-B-V. 260.	**A-G-F.** 143.	**A.M.P.** 290.
A-C-J. 278.	**A-J-S-T.** 286.	**A-P.** 9, 10, 11, 388.
A.D.T. 384.	**A-K-L-O.** 195.	**A-P.B.F.** 202.

Pour les combinaisons alphabétiques relatives aux fayences, nᵒˢ 1 à 503, consulter les pages 244 à 280.

A-P.C. 7.
A-P.D. 6.
A-P.J. 8.
A-P. J.F. 200.
A-P.J-P. 17.
A-P.N.F. 205.
A-P-P. 16.
A-P.V. 14.
A-R. 171, 264. 266.
A-V. 262, 265, 476. 477, 487. A-W. 19.

B. 44, 153, 221, 258, 259.
B (1770). 153.
B-A. 247, 248. 249, 251.
B.B. 359.
B.B.A. 302.
B-C-L-V. 27.
B-E.L-O. 213.
B-F. 102 à 105, 112 à 115, 406.
B-F-J. 3.
B-H. 130, 267. 271. 291.
B-J. 430.
B-L. 242.
Blondel. 83.
B.L.R. 52.
B.M. 4.
B-N. 240.
B.O. 31.
B-P. 297.
B.R. 53.
B.R.A. 45. 74.
B-S. 227.
B-Y. 131.

C. 261, 294, 305, 306.
C A. 18.
Caux. 58.
C.B.P. 257.
C.C. 243, 244, 245, 246.
C-C.W-W. 241.

C-F. 107, 108, 110, 111.
C-F-L. 250.
C-G-S. 486.
C.H. 304.
C-H. 452.
Chollet. 184.
Claude Pelisie. 490.
C.Lyon. 239.
C.M.C.A.C. 253.
C.O. 70, 540.
C-P. 12.
C-S. 275.
C-Y. 418.

D. 67, 443.
D (précédé d'un croissant). 329.
D.A. 23.
Dafflond, 121.
D.B. 560
D.B-R. 219.
D.C.R. 76.
D-E.C. 226. 228.
D-E-F. 342.
D-H-T. 287.
Dieuz. 345.
D.L. 339.
D-L. 475, 485.
D-L F. 232.
D-M. 331, 352. 357.
D.P. 57, 61, 431.
D.R.C. 75.
D.V. 174, 350, 484.
D-V. 485.

E.B. 254.
E.M. 180, 183.
F. 66, 144, 145, 146, 147, 194, 206, 307.

F.A.Z.D.L.S. 177.
F-B.L-O. 205.
F.B.V. 24.

F.D. 88.
F.D.M.L.R. 161.
F.F. 289.
F.H.A.S. 459.
F.H.G. 385.
F-I. 208.
F.L-O. 199.
F-M. 567.
F-M-P. 285.
F.P. 186.
F.P.B. 296.
F.P.E.B. 419.
F.P.M. 26, 28.
F.P.M.G. 402.
F-R. 156, 157, 158, 159.
F.Y. 59.

G. 65, 189, 207, 308, 403, 467, 468, 469.
G (avec chiffre 3). 319, 320, 364.
G.A. 562.
G.A-R. 309.
G.B. 310, 341.
G.D. 365.
G.D.G. 298.
G.e.R. 282.
G.F.A. 394.
G.G. 311.
G-H. 439.
G.L. 312, 313.
G.L-O. 187.
G.M. 344, 345.
G.M.D. 314.
G.N. 381.
G.O. 315.
G.S. 316, 347.
G.T. 378.
G.V.F. 210.
G.W. 318.

H. 1, 68, 270, 274, 292, 535, 348, 365, 582, 390, 411, 413, 449, 453, 497.

Pour les combinaisons alphabétiques relatives aux fayences, n°s 1 à 503, consulter les pages 244 à 280.

H (avec chiffre 5). 321.
Halfort. 85.
Haly. 238.
H.B. 220, 222, 444.
H.C. 349.
H-C. 140.
H-I. 92.
H-I-L. 465.
H-I.Z. 466.
H-J. 456, 461.
H-K. 454.
H.M. 350.
H-P. 94, 268, 269, 272, 273, 450, 499.
H-P.F. 455.
H-S. 458.
H-R.P. 218.
H.S.O. 457.
H.T. 351.
Hyaci-Rossetus. 196.

I.B. 96, 99.
I.D. 400. **I.I.** 366.

Janvins J. 501.
J.B. 160, 224.
J.B.N. 42.
J.C. 250.
J-H. 448, 451.
J. Jamart. 503.
J.L. 20.
J.M. 86.
J.N. 59.
J.P. 284.
J-P.C. 354.
J-P.C.O. 355.
J-R. 15, 154.
J-R.D. 356.
J.S. 251.
J.Z. 500.

K.D. 427.
K.G. 117, 118, 120.

L. 482. **L.A.** 455.

Lamotte. 447.
Laurens Basso. 472.
Leigh. 81.
L.G. 586.
L'Italienne, 91.
L.J.L.C. 441.
L-L. 498.
L.M. 50, 437.
L.M.C. 53.
L-O. 192.
L-O.D. 198.
L-O.G. 197.
L-O.I.C. 190.
L.O.O. 201.
L-O.S.C. 211.
L-P. 176.
L-P.A-R. 353.
L-P.G. 371.
L.P.Q. 178.
L.R. 29-30.
L.S. 442. **L-T.** 280.
L-V.P. 527.

M. 21, 128, 129, 167, 168, 169, 179, 182, 336, 568, 409.
M.B. 279, 285, 505.
M.D. 82.
Meulent. 175.
M-M. (dans un écusson). 401.
M.O. 337.
M.O.A. 338.
Morelan. 123.
M-P. 355.
M.R. 125, 127.
M.S. 134, 554.
M. Sansot. 492.
M.T.L 165.
M.V. 569.

N. 40, 41, 229, 348, 408. **N.A.D.** 106.

Ollivier. 276.

O.P. 55, 56, 57.
O.Y. 188.

P. 590, 591, 412.
P (avec chiffre 4). 60, 64.
P.A-R. 352.
P.A.T. 570.
P.B.C. 254.
P.C. 295, 572, 445.
P.D. 56, 573.
P.F. 185, 204.
P.I. 322.
Pidoux. 173, 174.
P.P. 523. **P.R,** 410.
P-V. 148, 149, 150, 151, 152.

Q Z. 295.

R. 162, 524.
R (précédé du chiffre 5). 585.
R.D. 574.
R-T. 235.
R-J. 2, 142.
R-P-Y. 126.
R.O. 575.
R.X. 155.

S. 525, 454.
S (suivi du chiffre 5). 576.
S (avec une croix au-dessous). 435.
S.A. 593, 596.
S-A. 595.
S.B (avec chiffre 5). 326.
S.C.T. 404, 405.
S.C.Y. 432, 436, 440.
S.F-O. 195.
S.H. 263.
S.L-O. 209.
S.M.R. 132.

Pour les combinaisons alphabétiques relatives aux fayences, nᵒˢ **1 à 503**, consulter les pages **244 à 280**.

S.O.A. 398.
S.P. 424, 425.
S.S.S.S. 446.
S.T.C.T. 407.
S-W. 488.
S.X. 429.

Terre de Lorraine. 119.
T.E.U.H. 257.

T.L-O. 212.
T.V.S. 462.

V. 379, 387, 489, 494, 495, 496.
V.S.D. 5.

W. 377, 460.
W.B. 328.
W.J-N. 580.

W.2.X. 73.

X (précédé d'une croix). 470.

Y. 69, 389.
Y (avec deux pipes). 464.

Z-B. 358.

MARQUES FIGURATIVES DES FAYENCES

Ancre, 422, 423, 424, 425.
Bâtons (4), 141.
Blason, 84.
Blason couronné, 417.
Château avec tours, 479, 480.
Chiffres, 4.B.4.B.78.
Clochettes (trois petites), 299, 300.
Collier, 417.
Cœur, 201.

Couronne, 157, 158, 244, 256, 417.
Croissant, 329.
Croix (une), 31, 54.77, 79, 306, 307, 455, 443, 469, 470, 495.
Croix (deux), 505, 512.
Croix (double), 469.
Écusson couronné, 256.
Étoiles (trois), 225.
Fleur de lys, 135 à 158, 402.

Fleurs de lys (trois), 292, 417.
Herse, 223.
Oie, 416.
Pipes (deux), 464.
Ruban (nœud de), 256.
Sabres (deux), 465.
Sabres croisés, formant les lettres A et F entrelacées, 393, 395, 396.
Tour, 481.

Pour les combinaisons alphabétiques et les marques figuratives, relatives aux fayences, n°s **1** à **503**, consulter les p. **244** à **280**.

—— PORCELAINES ——

DATES DE LA FONDATION DES ATELIERS

ET

CARACTÉRISTIQUES DES PORCELAINES FRANÇAISES

(Les chiffres ci-dessous indiquent la pagination.)
Consulter le Sommaire analytique placé en tête de ce volume.

COMBINAISONS ALPHABÉTIQUES AVEC RENVOIS AUX Nᵒˢ D'ORDRE DES MARQUES ET MONOGRAMMES DES PORCELAINES

POUR IDENTIFIER UNE MARQUE IL FAUT SE REPORTER

1° A la première lettre pour les lettres séparées et pour les noms autres que ceux des ateliers, ces derniers étant indiqués dans la précédente table.

*2° A la lettre la plus rapprochée de la lettre **A** pour les monogrammes et les lettres entrelacées. Ces monogrammes et ces lettres sont indiqués et réunis, dans la table ci-dessous par le signe - .*

A. 628, 629, 630.
A. Cottier. 659.
A.D. 612.
A-D. 587, 589, 680.
A.D.T. 682.
A-G. 640 à 643.
A-L-V. 712.
A-M.S. 631.
A.P. 585.
A.R. 505, 521.
A.R.L. 504.
A-S. 644.
A-S-S. 665.
A-V. 708.

B. 506, 507, 508, 581.
B.B. 671.
B-L. 582, 583, 588, 591.
B la R. 518.
B-L-L. 622.
B-N. 566, 571, 574.
B. Potter. 657.
B.R. 513, 514, 515.

C. 576, 578.
C-C. 563, 568.
C-C-L-S. 627.
C.D. 550, 551, 553.
C-F-L. 598.
C.H. 604.
C-H. 601.
C.H.   Menard. 661.
C.J (dans deux cercles). 530.
C-L. 564, 565.
C-L-F. 569.
C-L-P. 653.
C.M. 668, 694.
C-N. 570.
C.P. 596.

D. 624.
Dagoty. 658.
D.V. 558, 559, 560.

E.C. 552.

F. 609.

Fabrique du Pont-aux-Choux 655.
F.D. 553.
F.F. 705.
F-J-S. 726.
Fleury. 660.
F-R. 555.

G.H. 632.
G.R et C. 520.
Grellet. 520.
Grosse. 695.
Guerhard et Dihl 636.

H. 595, 597, 599, 696, 697, 700, 722.
H.C. 703.
H et L. 721.
H.F.O.D.   511, 512.
H-P. 593, 594, 701.
H.T. 704.

Pour les combinaisons alphabétiques relatives aux porcelaines, nᵒˢ 504 à 729, consulter les pages 282 à 295.

I. 666.
I-R. 556.

J-M. 652.
J.P. 519.
J-R. 557.

L. 547, 678.
L.B. 592, 675.
Leveille. 654.
L.L. 549.
L-L. 713, 715 à 717, 727, 729.
Locre. 614.
L.o.L. 667.
L.P. 720.
L-P. 625, 626, 650, 651, 654, 718, 719.
L-R. 590.
L.S. 539, 540.

L-S. 541, 724.
L-V. 709.
L-V-S. 714, 715.

M. 621.
M.A.P. 605.
M.B. 577.
M. de M. 655.
M.D.S.t.C. 695.
M-O. 601, 602, 603.
M-P. 555, 557.
Monginot. 663.

N. 562, 567.
N... 646.
Nast. 647, 648, 649.
Nied. 572.

O.B. 516.
Ormont. 509.

P. 528.
P.E. 669.
P.C.G. 728.
P.L.Dagoty. 656
Potter. 657.
Pouyat et Ruffinge. 613.

Revil. 662.
Rue Thiron. 655.

S. 606, 670, 692.
S.P. 675.
S.t.C.T. 688.
S.t.C.T.o. 689.
S.X. 679.

T. 690.

X. 706.

W. 546.

MARQUES FIGURATIVES DES PORCELAINES

Ancre. 511, 512, 672, 674, 676, 678.
Cor de chasse. 526, 527, 529.
Couronne. 551. 568, 596, 621, 622, 623, 624, 628, 629, 640, 641, 718, 719.
Croix (une). 558, 549, 667, 668, 670, 673, 692, 694.
Croix (deux). 694.
Croix (trois). 666, 685.
Croix de Lorraine. 517.

Croix (double). 681.
Dauphin. 543, 545.
Écusson couronné. 640. 641.
Empennes de flèches (voir au mot Flammes).
Épées (deux). 551. 552, 553, 558.
Epées (quatre). 561.
Étoile. 585.
Flammes. 607, 608, 609, 610, 611.

Flèches (deux). 725. Voir au mot Flammes.
Fleur de lys. 580, 581, 664, 687, 717.
Haches (deux). 696 à 698, 700.
Lambel. 575, 576, 578, 579, 580, 584. 720.
Moulin. 615 à 620.
Pipe (voir Hache).
Sabre (deux). 699, 705.
Soleil. 684, 685, 686.
Tour. 707.

Pour les combinaisons alphabétiques et les marques figuratives, relatives aux porcelaines, nᵒˢ **504 à 729**, consulter les pages **282 à 295**.

En ce qui concerne les monogrammes et les marques figuratives des porcelaines de Sèvres. consulter les tableaux synoptiques pages 296, 297, 298, 299, 300 et 301.

CE VOLUME A ÉTÉ ACHEVÉ D'IMPRIMER

EN LA MAISON LAHURE

LE IIIe JOUR DE FÉVRIER DE L'ANNÉE MDCDX.

www.ingramcontent.com/pod-product-compliance
Lightning Source LLC
LaVergne TN
LVHW051056060726
842525LV00003B/672